日本発！世界を変えるエコ技術

山路達也
YAMAJI TATSUYA

目次

まえがき

いったい「エコ」って、何なのでしょうか?

エコと聞くと、エネルギーを節約する省エネであったり、リサイクルのことをイメージする人が多いのではないかと思います。

省エネやリサイクルの取り組みが重要なのは間違いないでしょう。しかし、世間で声高に叫ばれる「エコ」的なものに、私は少々違和感を覚えずにいられません。

「世界では、何億人という人が水不足で苦しんでいます!」「よし、私たちも水の無駄遣いをやめよう!」

水をムダに使うのはもってのほかです。しかし、日本で節約した水が、遠く離れた異国の地、水不足に苦しむ人々の元に届くわけではありません。

「スーパーでレジ袋をもらうのは環境によくないから、エコバッグよ!」

レジ袋をもらわないけど、自治体指定のゴミ袋は買わなければいけないわけですよね。また、ブランド物の「エコバッグ」に群がる人々という珍現象が起きたのは記憶に新しいところです。

いわゆるエコな活動がすべてムダだとか、省エネやリサイクルなんかする必要なし、と言いたいわけではありません。そういうニヒリズムは「百害あって一利なし」です。

ただ、一般的に使われる「エコ」は、あまりにも狭い、それこそ身の回りの半径1メートルくらいの「エゴ」を満足させるために行なわれているということはないでしょうか?

たいていの人は、他人に「よいこと」をすれば気持ちいいと感じます。誰かほかの偉い人が「よいこと」をしてくれるのを待つのではなく、自分自身で何らかの貢献をするのは、とても気高い行為です。ゴミの分別収集や、家電リサイクルなどという面倒な仕組みがこんなにうまくいっていることを、日本人は誇りに思うべきでしょう。

けれど、私たちは手軽にできる「よいこと」を実行した後、それで自分の責任を果たしたつもりになっていないでしょうか。エコを免罪符にしていないでしょうか。水道の蛇口を閉めただけで、異国の水不足に貢献したような気持ちになるという具合に。何が環境やエネルギー問題の解決につながるかは深く考えずに。

では、何が本当のエコなのか。私たちはいったいどうすべきなのか。

この質問に答えるのは非常に難しいことです。ただし、私たちの社会が目指すべき方向については大まかな方向が見えて来つつあるようです。まず、『脱「ひとり勝ち」文明論』(清水 浩、ミシマ社)で語られたように、太陽エネルギーを高度活用すること。エネルギー消費量の少ない製品への移行、環境負荷が少なくリサイクルしやすい材質を用いることなどです。

だとすると、研究者や技術者でない人の活動は、あまり意味がないように聞こえるかもしれませんが、そんなことはありません。

今の科学技術には何ができ、何ができないのかを知ること。そして、科学技術のもたらす新しい可能性について、想像をめぐらしてみること。迂遠なようですが、一般人の科学への関心が研究への投資を促し、政策を変え、結果的にイノベーションを促進するのではないでしょうか。

日本は科学立国といわれ、最先端の電子機器が街にあふれていますが、はたしてどれほどの人が科学に興味を持ってきたでしょう。責任の一端は、科学者にもありそうです。科学者が研究について正確に表現しようと心がけるほど、一般の人にはどうしても取っつきにくくなってしまいます。

本書はウェブマガジン「WIRED VISION」(http://wiredvision.jp/)の連載「エコ技術研究者に訊く」をベースにしています。この連載では、最先端の研究を行なっている科学者に、筆者が根掘り葉掘り取材しました。研究室の学生なら教授に怒られて単位がもらえなくなるような初歩的な質問にも丁寧に答えていただけたのは、門外漢ならではの強みといえるかもしれません。今回の書籍化にあたり、解説も充実させましたので、専門知識なしでも最先端の研究を楽しんでいただけるのではないかと思います。

「未来にはけっこう希望もあるんじゃないの」

本書を読んで、そう思っていただければ幸いです。

2011年6月

山路達也

Chapter 01

電池を制する者が世界を制する

今一番注目されている電池といえば、リチウムイオン電池でしょう。
電池材料としては理想的なリチウムを、
安全に使えるようにしたリチウムイオン電池は、
スマートフォンを始めとした電子機器から電気自動車まで、
幅広い分野で利用されるようになりました。
しかし、リチウムイオン電池人気の裏では、
すでに次世代電池をめぐる開発競争が始まっています。
リチウム以外の金属を材料とした電池、
さらには砂糖水が燃料になる電池も登場しつつあります。
この章では、これまで実現不可能とされていた「マグネシウム空気電池」、
そしてブドウ糖が燃料になる「バイオ電池」をご紹介しましょう。

ポスト・リチウムイオン電池の開発が始まっている

●そもそも電池って何だろう?

環境技術の中でも特に注目が集まっているのは、電池技術でしょう。パソコンや携帯電話などのモバイル端末の電源として、さらには電気自動車の動力源として、高性能の電池が求められています。また、太陽光や風力といった、天候に左右される自然再生可能エネルギーから安定的に電気を供給するためにも、電池は欠かせません。

電子機器や電気自動車用の電池として、急速に普及しているのがリチウムイオン電池です。電気自動車はともかく、みなさんもリチウムイオン電池を使った機器をおそらく1つや2つはお使いのはずです。

なぜ、リチウムイオン電池がこんなに注目されるのでしょうか?というか、そもそもなぜリチウムなんでしょう?

その前に、電池の仕組みについて、ものすごく大ざっぱに説明しておくことにします。なお、ここでいう電池は、乾電池などのいわゆる化学電池です（太陽電池の仕組みは根本的に異なります）。

自転車を外に置きっぱなしにして、雨ざらしにしておくと、錆だらけになってしまった。そういう経験は誰にでもあると思います。実は、この「錆びる」という現象は電池と密接な関係があります。「錆びる」ことをうまくコントロールしたのが、電池だといういい方もできるでしょう。

錆びる金属の例として、鉄を考えてみます。空気中の水分に触れると、鉄の原子は電子をはき出して、「鉄イオン」になり（電子をはき出すことを「酸化」といいます）、水に溶け出していきます。そして水の中に溶け込んでいる酸素がこの電子を受け取る（電子を受け取ることを「還元」といいます）と「水酸化イオン」になり、水酸化イオンと鉄イオンが反応することで鉄の酸化物、つまり「錆」を作っていくわけです。ポイントは、金属が電子を放出することでイオンとなって液体に溶け出すということ。金属が錆びる場合、放出された電子はすぐに酸素を還元してしまうのに使われます。

では、電池の場合はどうなのでしょうか?

最も原始的な電池として、教科書でも取り上げられることが多いのが、亜鉛と銅を使った「ボルタ電池」。ボルタ電池では、負極の亜鉛、正極の銅が酸性の電解液（希硫酸）に浸っています。亜鉛は電子をはき出し、亜鉛イオンとなって電解液中に溶け出します（酸化）。亜鉛と銅は電線でつないであるので、電子は正極に移動し、電解中にある水素イオンが電子を受け取り（還元）、水素になるのです。負極から正極へと連続的に電子が移動する、同時に電解液中をイオンが移動してバランスを取る。これによって連続的に反応が起こり、電気が取り出せるのです。

金属が錆びる場合は、はき出された電子がすぐに消費されていたわけですが、電池では電子をはき出す（酸化する）場所と、電子を受け取る（還元される）場所を分けたことで、電気を取り出せるようになったと考えるとわ

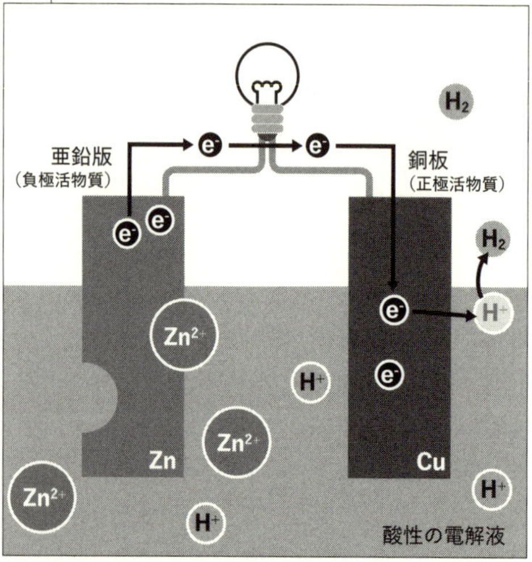

ボルタ電池の仕組み。一般的な電池では、負極活物質から放出された電子が、正極活物質に渡される。

かりやすいでしょう。

●「錆びやすい」金属はいい電池材料になる

では、どういう金属が電池に適しているのでしょうか?

それは、電子をはき出してイオン（陽イオン）になりやすい金属ということになります。そして、そのイオン化傾向の最も高い金属がリチウムなのです。電子をはき出しやすい、電子を受け取りやすいというイオン化の傾向は相対的なものですが、リチウムはどんな金属と組み合わせる場合でも、常に酸化されやすく、常に負極側の電池材料（活物質）として使われます。ボタン型や乾電池タイプのリチウム電池は家電量販店やコンビニでも売られていますから、探してみましょう。

リチウムは水と激しく反応するので、電解液に水を含むことはできませんが、水を含まない有機溶媒（有機溶媒の例としてはアルコールが挙げられます。ただし、リチウム電池にアルコールが使われているわけではありません）を使うことで解決できるようになりました。

なお、充電もできるリチウムイオン電池では、金属のリチウムは使われていません。リチウムイオンだけを負極と正極の間でやり取りするのです。例えば、負極にはリチウム貯蔵炭素、正極にはコバルト酸リチウムなどが使われており、放電する時は前者から後者へ、充電する時は逆に後者から前者へとリチウムイオンが渡されます。

●リチウムを使ったさらに高性能の電池

しかし、「電池はもうリチウムイオン電池に決まり!」ということにはならず、まだまだリチウムを使った電池の開発競争は続いています。リチウムイオン電池では、リチウムの化合物を利用した複雑な過程が必要なため、リチウムが本来持っている性能を活かし切れないのです。例えば電気自動車で利用する場合、まだ現在のリチウムイオン電池では十分な走行距離を実現できません。さらに、リチウムイオン電池では、寿命の尽きた電池をリサイクルするのが非常に難しいのです。リサイクルするより、最初からリチウムイオン電池を作った方が安くつくともいわれています。

現在、金属リチウムを負極活物質として使う電池の研究が進められており、産業技術総合研究所で開発されているリチウム－銅電池は、負極が金属リチウム、正極が銅。電極に使っているのは単純な金属なので、複雑な過程が必要ない分、リチウムイオン電池よりもはるかに大容量の電池を実現できると期待されています。

注目され始めたマグネシウム電池

●リチウムは次世代電池の主流にはなり得ない?

ここまで述べたように、リチウムイオン電池以降も、さまざまなリチウム電池の開発が進められています。

イオン化傾向が強く、理想的な電池材料と見なされるリチウム。しかし、リチウムを用いた電池には大きな問題点があります。

それは、リチウムの資源量、生産量です。

試しに、「リチウム　可採年数」で検索してみると、二百数十年という数字が出てくることでしょう。「石油なんて可採年数は数十年といわれていたのにまだ出ているし、200年もあれば自分が生きているあいだは問題ないね」と思われるかもしれません。

ただ、可採年数というのは、資源の「確認埋蔵量」をその年の「生産量」で割った値です。つまり、「今現在の生産量がずっと続くなら、200年以上持つよ」といっているに過ぎません。

では、リチウムの確認埋蔵量はどれくらいなのか? USGS（U.S. Geological Survey／米国地質調査所）によればリチウムの推定埋蔵量は990万トン、米国の地質学者Keith Evansは3400万トンとしています。そして、世界のリチウム生産量は、2008年時点で2万3000トン。現在のこの生産量のままなら200年以上持つのは確かですが、これから急増するであろう、自動車用リチウムイオン電池の需要はここには含まれていません。

科学技術動向研究センターのレポートでは、全世界の自動車保有台数9億台の50%を電気自動車（ハイブリッド車やプラグインハイブリッド車も含む）にすると、約790万トンの金属リチウムが必要になると試算しています。

リチウムの埋蔵量を少なく見積もって990万トンとした場合でも、計算上はギリギリ需要を満たせることになります。しかし、リチウムを低コストに採取できる塩湖は、チリやボリビア、アルゼンチン、ブラジルに集中しており、この4ヵ国だけで世界の埋蔵量の8割以上を占めるといわれています。石油をめぐって世界では激しい争いが繰り広げられてきましたが、同じ争いがリチウムについても起こる可能性があります。

リチウムイオン電池をリサイクルすればよいと思われるかもしれませんが、採算の取れるリサイクル方法はまだ開発途上です。

リチウムは海水にも溶け込んでいます。全海水中に含まれるリチウムの量は何と2300億トン。これだけあればめでたしめでたしといいたいところですが、海水1キログラム当たりに含まれるリチウムは0.00017グラムにすぎず、電池材料として割が合うほど、低コストに採取する方法はまだ確立されていません。

将来的には、低コストに海水からリチウムを採取できるようになる可能性もありますが、今のところ埋蔵地域が偏っているうえに、地上での埋蔵量も十分ではないことがわかっている資源に、全面的に依存することはあまりにもリスクが高いといえます。

リチウムにだけ頼るのではなく、豊富で低コスト、なおかつ優秀な電池材料を探し、リスクを分散する必要性が高まっています。

充電のできる二次電池に関しては、ナトリウム・硫黄電池、通称NAS（ナス）電池が注目されるようになりました。NAS電池は、おもに発電所など大規模な電力を貯蔵する用途で使われます。風力や太陽光による発電は、電力供給がどうしても不安定になってしまいますが、NAS電池を用いることで、安定的に電力を供給できる可能性が開けてきました。ただし、NAS電池は常温では動作せず、300℃程度に動作温度を引き上げる必要があります（なお、2011年3月には住友電工が57～190℃で動作するナトリウム二次電池を発表して注目を集めています）。

●金属空気電池の可能性

電子機器や自動車に関して、注目を集めているのが金属空気電池です。普通の電池は負極活物質と正極活物質の両方が必要になりますが、空気電池なら電池内に必要なのは負極活物質だけ。正極活物質で電池を占拠されないため、電池の容量をさらに大きくすることができます。金属空気電池は、化学電池としては究極の電池ともいえます。充電するのではなく、正極材料の金属を燃料のように入れ換えるという手法も採れます。

亜鉛を使った空気電池はすでに実用化されています。補聴器のボタン電池として用いられているので、ご覧になったことがある方もいるでしょう。

最近では、米国などの企業が亜鉛空気電池の開発を進めています。例えば、米国のZinc Air Inc.は、亜鉛を粒状にした亜鉛空気電池を開発し、自動車用電池としてアピールしています。亜鉛空気電池は充電のできない一次電池のため、ガソリンのように亜鉛を入れ換えて走行することになります。亜鉛の可採埋蔵量は2億トンで、世界的には約1000万トンが生産されています。可採年数としては20年程度しかなく、さらにこれから需要が急増すると思われますが、Zinc Air Inc.は再生可能エネルギーを使って低コストでリサイクルを行なう考えのようです。亜鉛空気電池を燃料のように使うアイデア自体は、ずいぶん昔からありましたが、実用化されていませんでした。それが化石燃料の枯渇、低炭素社会といったキーワードによって、注目されるようになってきたのでしょう。

さて、改めてここで電池材料について考えてみましょう。

電池材料となる元素の目安の1つは、イオン化傾向の強さです。イオン化傾向の強さの順に金属を並べると、リチウム（Li)、カリウム（K)、カルシウム（Ca)、ナトリウム（Na)、マグネシウム（Mg)、アルミニウム（Al)、亜鉛（Zn)、鉄（Fe)、ニッケル（Ni）……と続きます。

先に述べたように、イオン化傾向の強さはリチウムがナンバーワンで、だからこそ電池材料としてリチウムが注目されているわけです。

しかし、リチウム、そしてその後に続く、カリウム、カルシウム、ナトリウムは、扱いが厄介な材料です。単体の金属ではいずれも反応性が高く、常温で水や酸素と容易に反応して発熱、発火する危険があるため、いずれも第3類危険物（自然発火性物質および禁水性物質）に指定されているほどです。これらの金属は、基本的に石油などの保護液に入れて、保存する必要があります。空気電池の材料として用いるには、この反応性の高さが課題となります。

もっとも、リチウム空気電池についていえば、理論的にはリチウムイオン電池の数倍以上の容量があるため、夢の電池と呼ばれます。水・空気との反応性や資源量といった問題点はありますが、産業技術総合研究所ではリチウム空気電池の開発も進めています。

マグネシウム、アルミニウム、鉄についても、金属空気電池の研究が行なわれてきました。

中でも、マグネシウムは常温の空気中で保存できる金属としては、もっともイオン化傾向が高いうえに、資源量が極めて豊富です。地殻中の元素としては6番目に多く、海水中にも豊富（濃度0.13%）に含まれています。

ところが、近年になるまでマグネシウムは電池材料として、まったく有望視されていませんでした。マグネシウム空気電池は実現不可能だと考えられていたのです。

●実現不可能と思われていたマグネシウム電池

実は、マグネシウムを用いた金属空気電池を作ること自体は、難しいことではありません。マグネシウム空気電池の原理自体は以前から知られており、例えば群馬県新里村立新里中学校の小林明郎教諭は、中学生にも実験しやすい電池の作り方を公開しています。

問題は、きちんと長時間放電し続ける、実用的な電池が作れなかった点にありました。

リチウム空気電池でも述べましたが、空気電池の負極活物質は金属。マグネシウム空気電池ならマグネシウムです。一方の正極活物質は空気中の酸素にあります。負極のマグネシウムは、電子を放出してマグネシウムイオンとなり、電解液の中に溶け出します。一方、正極では酸素と水が電子を受け取り、水酸化イオンとなります。全体で見ると、マグネシウムと酸素、水から水酸化マグネシウム（$Mg(OH)_2$）が生成されます。

この反応自体はシンプルですが、やっかいなのは電解液でした。一般的に電池は自己放電を避けるため、電解液をアルカリ性にする必要があります。

自己放電の現象について簡単に説明しておきましょう。負極の金属原子は電子を放出してイオンとなって、電解液中に溶け出します。同時に金属が放出した電子と、電解液中の水素イオンが反応して、水素が発生。その結果、金属が放出した電子が正極側に移動せず、電気が発生しなくなる現象を指します。この自己放電は、水素イオン濃度が高い、つまり酸性の電解液で起こるため、これを避けるためにアルカリ性の電解液を使います。

ところが、アルカリ性の電解液だと別の問題が発生します。金属マグネシウムの場合、溶け出したマグネシウムイオンと電解液中の水酸化イオンが結びついて、水酸化マグネシウムを作っていたのです。この水酸化マグネシウムは水に溶けず、金属マグネシウムの表面にびっしりと張り付いてしまいます。金属マグネシウムは銀白色をしていますが、水酸化マグネシウムが表面に付くと、どんどん黒ずんでいきます。そうなると、マグネシウムはもうそれ以上、電解液に溶け出さなくなってしまう、つまり反応が止まって電気が出なくなってしまうのです。その上、この反応では熱も出ていました。

金属マグネシウムの表面にできる被膜、そして発熱の問題にはさまざまな研究者がチャレンジしてきたのですが、この問題の解決には至りませんでした。

●水を入れるだけで発電する電池ができた？

ところが、株式会社TSCの鈴木進社長と、埼玉県産業技術総合センター（SAITEC）の栗原英紀博士により、実用的なマグネシウム空気電池が実現されようとしています。

面白いことにこのマグネシウム空気電池は、電池研究の結果、生まれたのではありません。株式会社TSCは建築材料の開発などを手がけており、マグネシウム空気電池もその過程で誕生したのです。

2000年、TSCの鈴木社長は新しい建築材料を作ろうと、試行錯誤を繰り返していました。

鈴木　私は元々、建築材料の開発を手がけていました。2000年4月頃、微弱電流を流せるコンクリートを作れないものかと考えて試行錯誤していました。電気のスイッチを入れれば、ほんのり暖まる壁を作りたいと考えたからです。グラファイトを混ぜれば簡単にできそうでしたが、建築材料として使うためにはとにかく安くなくてはいけません。石炭屑や砂鉄、アルミナ、その他さまざまな材料をあれこれ試していました。

ところが、研究中にちょっとしたトラブルが起こります。

鈴木　ある時、うっかりしてウーロン茶をある材料の上にこぼしてしまいました。その材料に付けてあった電流計が1回

鈴木進（すずき すすむ）
1952年、長野県生まれ。慶応大学理工学部応用化学科中退。専修大学経営学部経営学科卒。山種証券入社、90年後退社、起業。（株）リーワード代表取締役歴任。92年、（株）TSC代表取締役就任。リアルガード、国土交通省NETIS登録。その後20種に及ぶ発明品を発表。2006年、マグネシウム発電特許出願。07年、マグネシウム金属空気電池国際特許出願。08年、マグネシウム金属イオン電池のバッテリータイプ発表。

だけピューと振れたんです。その時は何とも思わず研究を続けていましたが、なかなか成果が出ません。

そんなことがあってから6ヵ月後、鈴木社長は夜中にふと目を覚ましたそうです。

鈴木「どうしてあの時、電流計が動いたのだろう?」と気になってきたんです。水あるいはウーロン茶の成分が関係しているのかと思い、ウーロン茶や水をいろんな材料に垂らしてみましたが、まったくダメでした。

まったく同じ材料を用いているにもかかわらず、同じ物質を作り出せないことがあります。料理でも「材料を混ぜ合わせたら、数時間そのままにして味を馴染ませましょう」とレシピに書かれてあったりしますが、鈴木社長の実験で起こったのも同じことでした。材料を混ぜ合わせた後にしばらく時間をおくことで、材料に変化が起こり、元とはまったく異なる性質を持つことがあるのです。

そうやって、材料を「養生」させたところ、非常に面白い結果が得られました。

鈴木 この材料を使って簡単な電池を作ったところ、水を垂らすだけで長時間放電が起こりました。私は「水発電」と呼んでいたのですけどね。

●「水発電」は、マグネシウム空気電池だった

適当に混ぜ合わせた材料に、水を垂らすと電池になる。何とも怪しい印象を受けますが、電気が出ているのは事実。そこで、鈴

木社長は埼玉県産業技術総合センター（SAITEC）の栗原博士に、この材料の分析を依頼します。

話を聞いた栗原博士も当初は、「インチキ臭い」と思ったのだとか。

栗原　しかし、よくよく話を聞いてみると、電池の材料にマグネシウムが含まれていたのです。マグネシウムは、被膜や発熱の問題さえクリアされれば、理想的な電池材料になり得ます。もしかしたら、いいところを突いているのかもしれないと考え始めました。

栗原博士がこの「水発電」を詳細に分析したところ、水で発電しているのではなく、マグネシウム空気電池であることがわかりました。つまり水を電池に垂らすと、電池の中に含まれている「ある成分」が溶け出して電解液となります。そこに、負極のマグネシウムがイオンとなって溶け出す。一方、正極では空気中の酸素と水が電子を受け取って、水酸化イオンに変わります。

全体の反応としては、マグネシウムと酸素、水から水酸化マグネシウムが生成される反応であり、これは先に説明したマグネシウム空気電池の原理とまったく同じです。違うのは、ただ1点。マグネシウムの表面に被膜ができることはなく、反応はマグネシウムが電解液にすべて溶け出してなくなるまで続いたのでした。さらに、従来のマグネシウム空気電池で起こっていた発熱反応も起こらなくなります。

この研究のキモは、電解液に溶け

栗原英紀（くりはら ひでき）
1997年、東京大学工学系研究科修士課程を経て、埼玉県入庁。2004年、弁理士試験合格。06年、工学博士取得。現在埼玉県産業技術総合センターに所属。

出す「ある物質」であることが栗原博士によって解明され、より効率的に電気が取れるようにブラッシュアップが行なわれました。

それでは、「ある物質」とはいったい何なのでしょうか?

鈴木　この物質を、仮にXとしておきましょう。Xはどこにでもある材料からできており、電池の専門家からすれば、突拍子もない材料を配合しています。以前、電池の専門家に相談したことがあるのですが、「そんなものを入れたら、電気は出ないよ」と言われたことがありました。私は電池の専門家ではなく、イオン交換だけを考えています。そのため、常識にとらわれなかったのがよかったんでしょうね。電池の専門家だったら、マグネシウムで電池はできないという思い込みがあって、最初から試そうともしなかったでしょう。

現在のところ、TSCはこの物質の製法を企業秘密にしていますが、数ヵ国において特許出願しているとのことです。

●容量でリチウム一次電池を大きく上回るマグネシウム空気電池

物質「X」を使ったマグネシウム空気電池とはいったいどのようなものでしょうか?

試作品を目の前で組み立ててもらいましたが、その構造は拍子抜けするほどシンプルなものでした。金属マグネシウムの板、セパレータ（ろ紙）、黒い不織布、集電体となる銅板。これらをガラス板で挟むだけ。銅とマグネシウムに鰐口クリップをつけ、電球や小型扇風機などをつなぎます。ガラスの隙間に、スポイトで水を数滴垂らすと、扇風機が回り始めました。放電は金属マグネシウムが溶けてなくなるまで続きます。

では、いったいマグネシウム空気電池は、どの程度の性能を持つのでしょう。

栗原　試作品では、1層で1.5〜1.6ボルト程度です。マグネシウム空気電池の電圧は酸化還元電位だけから求めると2.76ボルトになりますが、反応等の抵抗があるので、そこまでは出ません。さらに、現在は不織布に「X」を塗る工程が手作業ですし、セパレータ（負極と正極のショートを避けるための膜）などもただの濾紙《ろし》を使っています。これらの内部抵抗も大きいです。これらの内部抵抗を無視できる3極セルで測定すると2.0ボルトになるので、工程を機械化して、セパレ

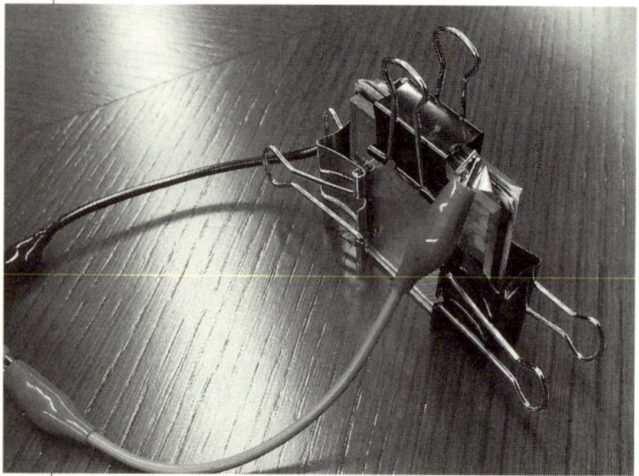

マグネシウム空気電池の試作品。シートにスポイトで水を垂らし、電極に小さなプロペラを付けると、取材中の数時間、プロペラはずっと回り続けた。写真の電池の場合、数日間にもわたって放電し続けられるという。

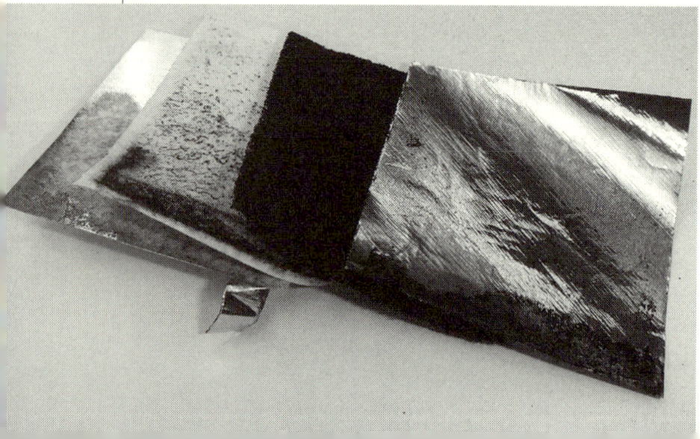

マグネシウム空気電池を分解したところ。左から順に、金属マグネシウム、セパレータ、「X」が塗られた不織布、集電体の銅板。

ータや他の部分を改良すれば2.0ボルト近くにはなるはずです。ただし、電圧でリチウム一次電池（3.0ボルト）を超えることはありません。

その一方で、容量はリチウム一次電池（リチウムイオン電池ではなく、使い捨てタイプのリチウム電池）を大きく上回るということです。

栗原　マグネシウムの理論的な容量は2205mAh/g（ミリアンペア時/グラム）ですが、現在、TSCのマグネシウム空気電池では負極の容量が2000mAh/gに至っております。マグネシウムが持つポテンシャルの9割を取り出せるといったのは、こういうことです。

先に、物質「X」は負極のマグネシウムの表面に被膜ができるのを防ぐと説明しました。しかし、この「X」は正極、つまり酸素を取り入れる側の電極にできる被膜も抑制する性質があるそうです。一般的に空気電池は、正極側の被膜生成もネックになってい

使用前のマグネシウム板（右）と、マグネシウム空気電池に使用後の板（左）。金属マグネシウムが電解液に溶け出したことがわかる。

たため、いくら空気が無限にあるといっても電池反応には限界がありました。この制限がなくなったことで、正極側の空気に制約されることがなくなり、負極のマグネシウムがなくなるまで反応が持続するようになったのです。

栗原　リチウム一次電池では、負極リチウムの容量はマグネ

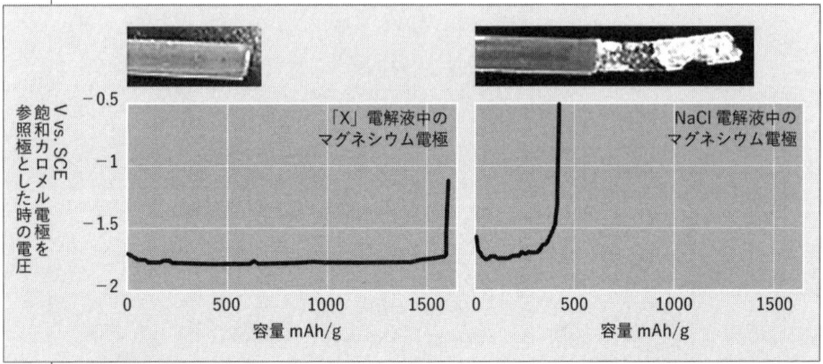

一般的な電解液では金属マグネシウムの表面に被膜ができるため、反応が途中で止まってしまい、マグネシウムも残る（右）。「X」の電解液（左）ではマグネシウムがなくなるまで反応が止まらない。

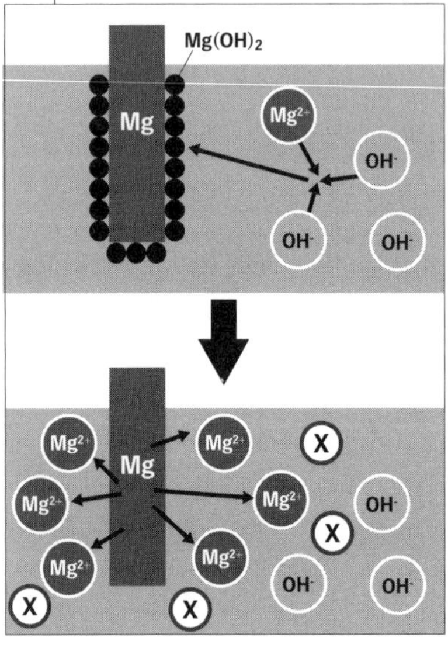

（上）マグネシウム空気電池では、マグネシウムイオンと水酸化イオンが結合して、金属マグネシウムの表面に被膜を作る。そのため、放電が途中で止まっていた。
（下）「X」を含む電解液では、マグネシウムイオンと水酸化イオンが結合しない。このため、マグネシウムイオンが電解液中にどんどん溶け出し、放電が止まらない。

シウムを超えますが、正極が足を引っ張ります。例えば、使われる二酸化マンガンは理論容量でも308mAh/gで、実際には100mAh/g程度です。では、容量無限大の空気正極を用いればいいのではないかとも考えられますが、大気中には水蒸気が含まれるので、大気中から酸素を取り込むとなると、水とリチウムが反応して燃えてしまいます。水系電解液を使えないリチウムでは、空気電池を構成するのが簡単ではないことになります。水系電解液を使えるマグネシウムでは、このような問題は生じないので、空気電池が作りやすいのです。したがって、市販リチウム一次電池の10倍以上の容量を持った電池も夢ではありません。

●環境に負担を掛けない電池は可能か?

私たちは、日々当たり前のように乾電池を使っています。昔は液漏れなどの事故も頻繁にありましたが、最近は品質が向上して大きなトラブルもありません。お子さんのいらっしゃる方なら、うっかりお子さんが電池を飲み込まないように気をつけているでしょうが、大人が乾電池を危険と感じることはないでしょう。使用済みの乾電池は、たいていの自治体では分別回収するようになっていますし、家電量販店でも回収サービスが行なわれています。

ところが、乾電池は意外に危険です。例えば、広く使われているアルカリ電池は、電解液が強アルカリ性であり、目に入ると失明の恐れもあります。とはいっても、日本の場合は、電池をリサイクルするための仕組みやゴミ処理の制度が整っていますから、大きな問題になることはありません。あくまでも日本のような先進国の場合は。

処理施設の整っていない発展途上国では、乾電池は環境に深刻な影響を与える可能性があります。日本で現在販売されているマンガン電池、アルカリ電池はほぼすべて水銀ゼロになっていますが、粗悪品には人体に有害な水銀を含むものもあります。また、水銀がゼロでも、乾電池をその辺に廃棄すると、有害物質が溶け出して土壌を汚染してしまいます。

鈴木社長と栗原博士は、新開発のマグネシウム空気電池は、環境への負荷が少ないと語ります。

栗原　Xは、私たちの身近にある物質を活用して作っており、複雑な物質は一切使っていません。すなわち、自然界で普通に起こっている現象を利用しているのです。また、金属マグネシウムが電解液に溶けきったあとの電解液を乾燥させ分析したところ、検出されるのは酸化マグネシウムと水酸化マグネシウムでした。

酸化マグネシウムと水酸化マグネシウムは、いずれも人体には無害で、便秘薬などとしても用いられます。試作品では、集電体に銅を利用しているため、使い終わったらその辺にポイ捨てというわけにはいきませんが、これは他の電池についても同じことがいえます。人体や土壌にとって有害な電解液を使っていない分、処理は他の電池よりも簡単に行なえそうです。

鈴木　発展途上国で使うなら、現地で安価に作れて、しかも危険な材料を使わない電池でなければならないのです。

では、このマグネシウム空気電池が実用化されたら、どうやって使用することになるのでしょうか。

TSCでは、現在携帯電話を充電するための使い捨て電池を開発しており、これは電池パックに小さな液体タンクが内蔵されています。ボタンを押すとタンクから水が出てXを溶かし、放電反応が始まるという仕組みです。

栗原　カンボジアなどでは携帯電話自体は普及しているのですが、電気のインフラが整っていません。そのため、通話時間は、電話代ではなく、充電時間で制限されてしまうのです。「X」を作るための材料はどこにでもあるものばかりですから、現地工場で生産すれば安価に販売できるでしょう。

また、緊急用電池としての応用も検討しているそうです。

鈴木　今、各省庁には緊急用の電池が備蓄されていますが、これは2年に1回ごとに半分ずつ廃棄されています。これはあっていいムダではないでしょう。私たちのマグネシウム空気電池は、水さえ入れなければ何年でも保存しておけるという長所があります。船舶用ライフジャケットや自動車用非常灯の電源としても使えるでしょう。米国の道路では灯りのないところも少なくありませんが、こういう場所で車が動かなくなった時のために、長期間保存できる電池の需要は高いのです。また、屋外看板用の電源に使いたいというお話もいただいています。普通の電池は雨に濡れると使えなくなりますが、私たちのマグネシウム空気電池ならまったく問題ありません。

●大電流を取り出せる、もう一つのマグネシウム一次電池

ここまで説明してきたマグネシウム空気電池は、基本的に携帯電話などでの使用を想定したものです。マグネシウム空気電池の場合、マグネシウムがイオン化する速度は速いのですが、酸素の取り入れがそれに追いつかないという問題があります。つまり、一度に流れる電流が少ないため、大型家電や自動車用の電池としては向かないのです。

そこで、TSCとSAITECでは、先ほどのマグネシウム空気電池とは別の方式の電池も開発しています。その名も、「マグネシウム水電池」。

マグネシウム空気電池では空気中の酸素と水の反応でしたが、水電池では、マグネシウムと水の反応を利用します。

この電池では、マンガン系の化合物と「X」を組み合わせること

●マグネシウム水電池の反応式

負極　：$Mg \rightarrow Mg^{2+} + 2e^-$

正極　：$2H_2O + 2e^- \rightarrow H_2 + 2OH^-$

全反応：$Mg + 2H_2O \rightarrow Mg(OH)_2 + H_2$

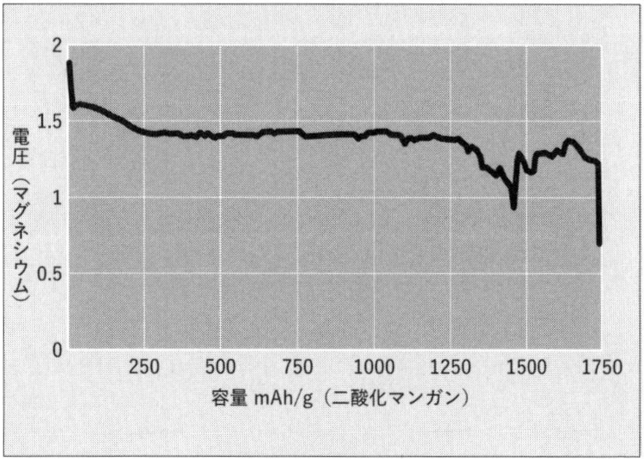

マグネシウム水電池正極の放電曲線（正極触媒重量で規格化）。

で、1.2〜1.4ボルト程度の電圧を取り出すことに成功。鉛蓄電池のようにセルを並べて大型化することもでき、150ボルト・80アンペアあるいは300ボルト・40アンペアといった大電流の試作品も作っています。

懸念は、水とマグネシウムを反応させることで最終的に水素が発生する点ですが、密閉しなければ水素は危険ではないので、現時点では大気中に解放しているとのこと。

なお、マグネシウム空気電池、マグネシウム水電池とも、二次電池ではなく、一次電池です。つまり、充電することはできず、使い捨てということになります。

最近の小型電子機器は充電池（二次電池）を使うのが当たり前になっていますし、自動車用のリチウムイオン電池も当然二次電池。そのため、充電ができないということで、用途が限られると思われるかもしれません。ところが、先に取り上げた亜鉛空気電池のZinc Air Inc.も含め、新しいタイプの電池を開発しているベンチャー企業には一次電池に力を入れている企業が少なからず

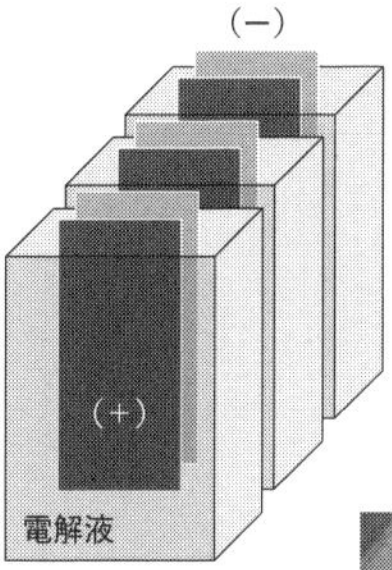

マグネシウム水電池では、鉛バッテリーのようにセルを並べて大型化できる。

マグネシウム水電池の試作品。現在は手作業でシートに触媒を塗布しているが、機械化すれば大幅に薄型化できるという。

あります。充電して電池を使い回すというのは、一見経済的に見えるのですが、もし電池材料や処理コストが安く、さらには環境への負荷も少ないのであれば、使い捨てのメリットが勝る可能性も十分にあるでしょう。

●リチウムイオン電池を超えるか？　マグネシウム金属電池

とはいっても、二次電池の市場規模は一次電池よりもはるかに大きく、当分需要が伸びていくのは確実です。そこで、SAITECでは栗原博士を中心に、マグネシウムを利用した二次電池の開発も進めています。こちらで用いられているのはTSCの物質Xではなく、別の方法です。

二次電池が一次電池と違うのは、放電だけでなく充電ができること。そのためには、充電を行なった時に、放電とは逆の反応が安定的に起こるようにしなければなりません。

マグネシウムを材料にした電池であれば、放電の時にはマグネシウムが電子を放出して、マグネシウムイオンになるのですが、逆に充電の際にはマグネシウムイオンが電子を受け取って、マグネシウムに戻ることになります（これ以外に、別の反応を使ったマグネシウム電池もありえます）。

これまでにも、さまざまな企業や研究機関がマグネシウムを利用した二次電池の開発に取り組んできました。代表的な方式としては、負極に金属マグネシウムを使い、正極には何らかの酸化物か硫化物（硫黄との化合物）を用いたものが挙げられます。

ところが、酸化物、硫化物のいずれにも欠点がありました。正極に酸化物を使った場合、構造が安定しているため、マグネシウムイオンががっちりと正極に入り込んで、充電しても金属マグネシウムに戻らない。一方の硫化物の方は、構造が不安定で電解液中に溶解していました。

栗原　この両物質系のいいとこ取りができないかと考えました。

しかし、酸化物と硫黄を混ぜ合わせれば、さあ出来上がりというわけにはいきません。

栗原　結晶構造が安定な酸化物に硫黄を少量添加するイメージです。しかしながら、この反応は簡単ではありません。電池に使う酸化物は還元しやすく、硫黄は酸化・揮発しやすいので、両物質が反応して、酸化物は還元、硫黄は酸化して二酸化硫黄として気化してしまうからです。

栗原博士は、プラズマ合成という手法に通じており、これを酸化物に硫黄を添加するために応用しました。

簡単にプラズマについて説明しておきましょう。通常の物質は、固体状態だと分子同士がかっちり結びついていますが、エネルギーを加えて液体、気体になると、分子が活発に動けるようになります。さらに、エネルギーが加わると、原子核と電子の結びつきが緩くなり、電子が飛び出した状態になります。これがプラズマです。一般的にプラズマを発生させるには高い熱を加えますが、圧力が低ければ低い温度でもプラズマになります。

今回の実験では、酸化物と硫黄の両方に水を加え、減圧してマイクロ波を照射（電子レンジと同じ原理です）することで、水のプラズマを発生させました。水のプラズマは温度が低いにもかかわらず、高いエネルギーを持っているため、従来ではできなかった物質合成が可能になるのです。

栗原　水プラズマで反応させると、酸化物の構造は維持されたまま、表面に硫黄がドープ（少量添加）され、アモルファス化（ガラスのように、分子や原子が不規則な状態に並ぶこと）することがわかりました。酸化物としては、五酸化バナジウムを用いました。

この結果合成された物質は、電気容量が250mAh/g。充放電を10回繰り返しても、電気容量の90%を維持できることがわかりました。リチウムイオン電池に使われるコバルト酸リチウムの電気容量は150〜160mAh/gであるため、容量では勝ります。ただし、今回の物質は電圧が1.5ボルト、理論的には2.3ボルトまで出る可能性はあるそうですが、リチウムイオン電池の電圧（3ボルト以上）よりは劣ることになります。

栗原　マグネシウム金属電池が、リチウムイオン電池に決定的に勝るのは安全性でしょうね。リチウムイオン電池は事故でパッキングが壊れた場合に爆発する可能性がありますが、マグネシウム金属電池はパッキングが取れても燃えたりはしません。マグネシウムは空気と猛烈に反応しますが、それも粉末になった場合だけです。また、リチウムイオン電池の重量のうち、半分はパッキングです。マグネシウム金属電池では重いパッキングが不要なため、同じ重量なら航続距離が伸びるでしょう。

栗原博士が開発したのは、マグネシウム金属電池の正極活物質のみであり、実用電池にするために必要な、負極活物質、電解液、セパレータ、集電体、その他の技術はまだこれからというところです。負極活物質には金属マグネシウムが使われますが、これについても改良が必要とされます。イオン化したマグネシウムが再度金属に戻る、このサイクルがスピーディに行なえる工夫をしなければなりませんが、マグネシウム金属電池の実現可能性が見えてきたことで、金属メーカーのあいだでも研究開発の動きが活発化してきました。

マグネシウム電池についていえば、金属メーカー以外にもいくつかの動きが見られます。例えば、ソニーはマグネシウム電池用の電解液で特許を取得しています（JP2010-15979, JP2009-64730）。

海外に目を転じてみると、米国エネルギー省の関連組織であるARPA-Eが2010年にいくつかのベンチャー企業に合計で106万ドルの投資を行なっているのですが、この中にPellion Technologies, Inc.という企業が含まれています。同社の研究内容は、“an inexpensive, rechargeable magnesium-ion battery for electric and hybrid-electric vehicle applications”（電気自動車とハイブリッドカーのための、充電可能で安価なマグネシウムイオンバッテリー）となっており、自動車用のマグネシウムイオン二次電池を開発していることがわかります。

●**金属電池に注目し始めた国内外の企業**

マグネシウム以外にも、これまで利用されてこなかった金属を利用した電池の研究が進んでいます。例えば、日立マクセルはアルミニウムと水を使ったポータブル型の燃料電池の試作品を発表しています。この電池は独自製法のアルミニウムの微粒子に水を加えることで、水素を発生させ、この水素と酸素を反応させることで

(通常の燃料電池と同じように) 電気を取り出すというものです。

2011年には米国デトロイトのモーターショーにおいて、トヨタ自動車もマグネシウム電池の開発に取り組んでいることを明らかにしました。

世間的には、リチウムイオン電池が完全に主流になったかのような報道が続いていますが、その裏では次世代の可能性を求める競争がすでに始まっているのです。

砂糖水でおもちゃを動かせるバイオ電池

●コーラを垂らすとおもちゃが走り出した!

ここまでは空気電池を始めとして、今後有望になってくる電池をいくつか紹介しました。リチウムに、亜鉛やアルミニウム、マグネシウムなど、いずれも金属を材料とした電池です。

この章の冒頭で説明したように、電池は負極から正極へと電子を移動させ、同時に電解液の中をイオンが移動してバランスを取るようになっています。では、このために使われる材料は、金属でないといけないのでしょうか?

そういう疑問に答えるのが、ソニーが開発している「バイオ電池」。トイフォーラム2010では、この電池を積んだ、手のひらサイズのリモコンカーが展示されていました。リモコンカーにスポイトでコーラを垂らすと、それで

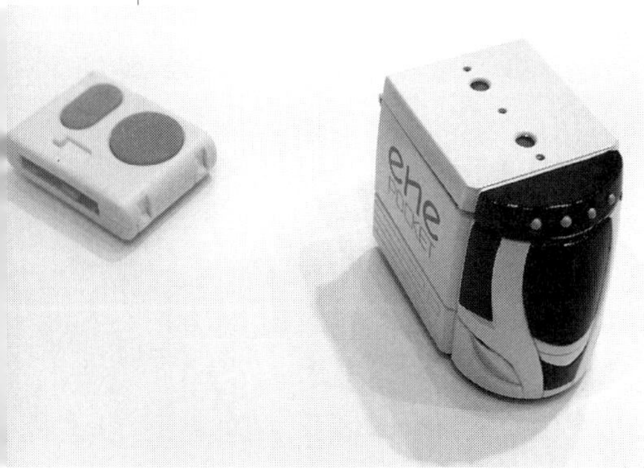

ソニーがタカラトミーと試作した、手のひらサイズのリモコンカー。ブドウ糖水溶液を垂らすだけで動く。

おもちゃが走り出すのです。ブドウ糖水溶液を8ミリリットル程度垂らしただけで、1時間くらいは平気で遊び続けられるのだとか。

●食べ物を食べるとはどういうことか?

電池材料は必ずしも金属である必要はありません。正極、負極、それぞれの活物質が酸化、還元反応を安定して行なえればよいわけです。新しい電池材料のヒントとなるのは、私たち自身です。私たちは、毎日食べ物を食べて、動くためのエネルギーを作っていますね。

「ちょっと待ってよ、電池から取り出すのは電気でしょう?　私たちが食べ物を食べても電気を出すわけじゃないよ」

確かに、電池から電気を取り出すのと、私たちが動くためのエネルギーを作るのは、まったく違うように見えます。けれど、実はけっこう似ているところも多いのです。

人間に限らず、生物は食べ物を体内に取り入れ、呼吸を行なっています。では、何のために食べ、何のために呼吸するのか?　例えば、自分の体を構成するタンパク質を作ったり、自分の体を動かすエネルギーを生産したりするためです。

どうやってエネルギーを作っているのかといえば、呼吸によって酸素を取り入れ、細胞ではその酸素を使って糖分を酸化分解しています。糖分の代表といえば、ブドウ糖（グルコース）。グルコースと酸素が化学的に反応し、最終的には二酸化炭素と水、そしてATP（アデノシン三リン酸）という物質が生成されます。言葉で書くと簡単ですが、この化学反応は極めて複雑です。グルコースがピルビン酸（もしくは乳酸）に分解されて、それがクエン酸に変わってさらにいろいろな物質に変化して、ATPになっていくわけですが、とりあえず詳細は省略。重要なのは、こうした化学反応で電子とプロトン（水素イオン）がやり取りされて、エネルギーをATPという形で貯め込んでいくということなんですね。

でも、化学反応だったら、あらゆる物質で起こっています。「生物の食べ物なんて、そんなに大したエネルギーは持っていないんじゃないの?」そう思われるかもしれませんが、とんでもない。

人間が1日に取り入れる食べ物はだいたい2000キロカロリーというところでしょう。これはガソリン200ミリリットルの持つエネルギーに相当します。少ないように感じるかもしれませんが、ガソリンを始めとする石油系燃料は非常にエネルギー量の高い物質であり、それゆえに自動車や飛行機に用いられてきたわけです。

ブドウ糖は1キログラム当たり4000キロカロリー、これに対してガソリンは1万キロカロリー。ものすごく高いエネルギーを持っていそうなガソリンの半分弱のエネルギーをブドウ糖が持っているというのは何か不思議な気がしますね。ちなみに、TNT火薬に含まれるエネルギーはブドウ糖の4〜6分の1程度にすぎないそうです。

●ブドウ糖のポテンシャルを引き出すバイオ電池

ソニーの研究チームは、このブドウ糖のポテンシャルに目を付けました。同社の先端マテリアル研究所の戸木田裕一氏によれば、ご飯1杯に含まれているブドウ糖のエネルギーをフルに取り出すことができれば、単三アルカリ乾電池96本分になるともいわれているそうです。

家電や情報機器に強いソニーが、ブドウ糖で動く電池を開発しているというのは、かなり意外な印象を受けます。しかし、すでに水素やメタノールを燃料として使う燃料電池は、実用化に向けて研究が進んでいます。体積当たりのエネルギー密度でいうと、気体の水素は0.01MJ/ℓ（メガジュール/リットル）、メタノールは15.6MJ/ℓ、そしてブドウ糖は23.9MJ/ℓ。

戸木田 燃料電池は水素やメタノールを使ったものが先行していますが、これらに比べてブドウ糖が本来持っているエネルギーのポテンシャルは高く、高性能の燃料電池が作れる可能性があります。バイオ電池は、次世代の燃料電池という位置づけです。さらに、ブドウ糖は、水素やメタノールに比べて燃料の取扱いが楽です。性能がよい上に、高い安全性という付加価値もあるわけです。

●貴重な白金の代わりに「酵素」を使う

もう一つ、他の燃料電池にバイオ電池が勝るのは、「触媒」です。触媒というのは、化学反応で用いられる物質ですが、自分自身は変化せずに他の物質の反応を早める働きを持ったもののことをいいます。燃料電池の多くでは、酸素と水を反応させて水を生成し、この時にエネルギーを取り出すのですが、触媒として白金を使うと反応が圧倒的に効率よく進むのです。白金というのは実に重宝する物質で、負極側の電極に白金を使うと、水素が電子とプロトン（水素イオン）にいとも簡単に分かれてしまいます。正極側では酸素と水素イオン、電子が反応するのですが、この時も白金が触媒になっていると、もう反応が進む進む。

しかし、ご存じのように、白金はとても

戸木田裕一（ときた ゆういち）
京都大学大学院工学研究科合成・生物化学専攻中辻研究室出身（博士課程）。専門は量子化学、生物無機化学、錯体化学。1992年に電気化学工業株式会社に入社、関節治療薬開発、クロロプレン等の工業プロセス開発を担当。2001年にソニーに移り、バイオ電池を含むバイオエレクトロニクス関連の研究に従事し、現在に至る。1995～98年まで財団法人基礎化学研究所研究員。趣味はスポーツ鑑賞、映画鑑賞。

高価な貴金属です。今までの歴史上、人類が産出した白金は4000トン程度といわれており、埋蔵量も8万トン程度と推定されています。燃料電池の触媒に白金を使ったらあっという間に枯渇するといわれており、白金の使用量を減らしたり、代わりになる物質を探す研究も行なわれているのですが、なかなか決定打といえるものは見つかっていません◆。

話がちょっとずれてしまいましたが、バイオ電池はこの白金を触媒に使いません。触媒となるのは、私たちの体内にあるのと同様、タンパク質でできた「酵素」。生物の体内では膨大な化学反応が常に起こっていますが、それらのほとんどに酵素が関わっています。ある物質を化学反応で別の物質に変化させる場合、酵素があることで反応に必要なエネルギーが少なくて済むのです。私たちの体内で起こっている反応を酵素なしで再現しようとすれば、膨大なエネルギーを使う化学プラントが必要になるでしょう。この便利な酵素は、比較的安価に量産可能です。

安価に生産できるという以外にも酵素には金属触媒にはないメリットがあります。それは、燃料電池の厄介な問題、クロスオーバーを起こさないこと。メタノール型など、一般的に燃料電池では、燃料が反対側の極に流れ込んで（クロスオーバー）、反応を阻害してしまう現象が見られます。ところが、酵素を触媒に使うと、クロスオーバーが起こっても反応が阻害されないのです。

科学関係のテレビ番組などを見ると、細胞内ではまるで工場のように整然と物質が運ばれてきて、1つ1つ反応が起こっているように描かれています。でも、実際の細胞内で起こっているのはそんなきれいなものではありません。いろんな物質がごちゃまぜになっている中で、特定の物質同士が反応し、別の物質へと変化し

◆ 2011年3月に、ケース・ウェスタン・リザーブ大学の研究チームが白金の650分の1の価格で同レベルの発電効率を得られる新触媒を開発したと発表しました。今後の研究の進展によっては、白金を使わない燃料電池が実現できるかもしれません。

ていくのです。

どうしていろんな物質がごちゃまぜになっているのに、きちんと反応が起こるのかといえば、酵素はとても好き嫌いが激しいから。特定の酵素は特定の物質にしか作用しませんし、特定の反応だけしか起こさないのです。物質AとBを反応させる酵素Cは、AやB以外の物質が来てもスルーしてしまうんですね。酵素以外の触媒だとこうはいきません。物質Aと、意図しない物質Dが来ても反応を起こしてしまったりする。酵素を触媒に使うことで、物質同士の反応を制御しやすくなるのです。こうした酵素の性質のおかげで、ジュースのように不純物の多い燃料を入れても、問題なく電気を取り出すことができます。

ただし、酵素はいいことばかりではありません。酵素はタンパク質でできているため、繰り返し使うと壊れていってしまいます。

戸木田　耐久性はやはり問題です。繰り返しの実験はまだほとんど行なっていませんが、酵素もタンパク質なので、繰り返し使うとどんどん壊れていってしまいます。ただ、私たちのバイオ電池では多孔質カーボンの上に固定していますから、溶液中で使うよりはかなり耐久性が高くなっています。また、酵素自身の耐久性を高める研究も進めています。具体的には、分子生物学の技術でアミノ酸の種類を変えるのです。固定化とアミノ酸の入れ換えを合わせれば、実用に十分な耐久性が得られそうだという感触を得ています。

また、酵素の種類によって、反応が進む温度が決まってきてしまいます。

戸木田　バイオ電池は25〜50℃弱で反応が進み、一番よく反応するのは40℃くらいです。温度が低くても反応は起こりますが、出力はだいぶ下がります。10℃を切ると厳しいですね。これに関しては、どういう機器に応用するかにもよるでしょう。

●呼吸に似た仕組みを使っている

バイオ電池が放電する仕組みを簡単に説明しましょう。

先に、私たちはブドウ糖を取り入れて酸素と反応させ、最終的にATPと二酸化炭素を作っていると説明しました。バイオ電池というのは、この反応の最初の部分だけを取り出したと考えればわかりやすいでしょう。

電池の負極側にブドウ糖を入れると、酵素の働きによって、グルコノラクトンという物質に変わります。ブドウ糖の化学式は

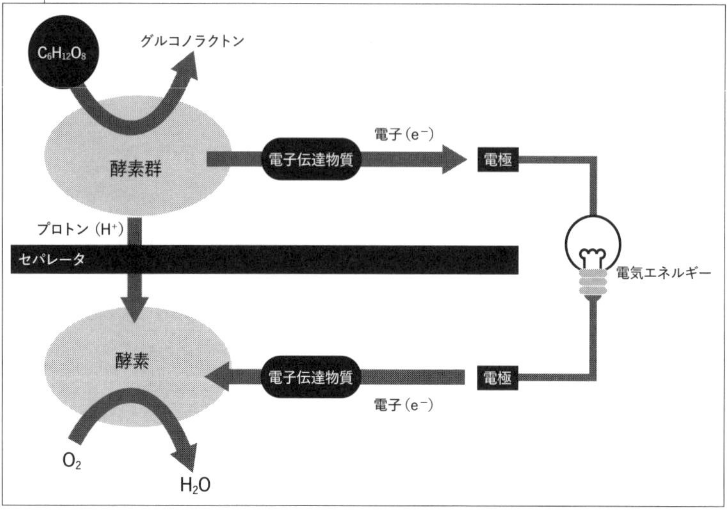

バイオ電池の仕組み。負極側ではブドウ糖を分解する反応、
正極側では酸素を水にする反応が同時に起こることで、電気を取り出せる。

$C_6H_{12}O_6$。一方のグルコノラクトンは$C_6H_{10}O_6$。要するに、ブドウ糖から水素原子が2つ分抜けるわけです。

この反応では、水素原子の電子が、伝達物質を通じて正極側に移動。一方、電子が飛び出した後の水素イオン（プロトン）も、セパレータを通って正極へ。そして正極では、水素イオンが酸素と反応して水になります。

おわかりのように、この反応では負極側にグルコノラクトンという物質が残ります。これは、食品添加物として使われる物質で害はありません。ブドウ糖を投入して放電が終わったら、グルコノラクトンの溶液を捨て、再度ブドウ糖を投入するという使い方になります。生物なら、ブドウ糖が二酸化炭素（CO_2）と水になるところまで分解し、ブドウ糖の持っていたエネルギーを搾り取るのですが、現状ではまだそこまで細胞内の反応を再現するには至っていません。

ブドウ糖を使って電気を取り出すというと、ややこしい原理が働いているような気がしますが、意外とシンプルなので驚かれたでしょう。結局は、他の電池と同じように、導線を伝って電子が負極から正極に移動し、プロトンはセパレータを通じて移動するだけです。

では、どうしてこれだけシンプルな仕組みの電池が今まで実現されなかったのでしょうか?

戸木田　電子を電極へ受け渡すのが難しかったからです。水素やメタノールを使った燃料電池では、金属触媒の上で反応が起こりますから、そのまま電子を電極に渡せます。ところが、バイオ電池は触媒に絶縁体である酵素を用いるため、反応が絶縁体の上で起こることになり、電子を電極へ流すことが難しかったのです。

ソニーでは、この問題を独自の電子伝達物質を開発することで解決しました。正極・負極それぞれで、酵素と電子伝達物質がカーボン繊維電極上に固定されており、それがセパレータで挟まれる形になっています。

もちろん、工夫はそれだけではありません。同じく先端マテリアル研究所の酒井秀樹氏によれば、電極の構造のほか、酵素反応が起こりやすくする工夫を重ねたとのこと。

酒井　負極側ではブドウ糖がうまく供給されるよう、電極の構造を何度も変えています。また、正極側では酸素を取り込むわけですが、酵素反応は一般的に液体中で進みます。空気の層と水の層をどう合わせるかにも、非常に頭を悩ませました。正極側は電極の水分量を適度に保つ必要があるのですが、酵素や電子伝達物質を固定した多孔質カーボンを使うことで、この難題をクリアしました。効率よく酸素を取り込んで液体中の酵素と反応させることができるようになったのは、大きなブレークスルーです。

バイオ電池はシート状になっているため、重ねて大容量の電池を作ったり、形を変えたりしやすいそうです。また、将来的な大量生産も考慮した構造になっています。

戸木田　基本的には、繊維状の電極に酵素や電子伝達物質を溶媒に溶かして塗って、

酒井秀樹（さかい ひでき）
東京大学大学院工学系研究科水野研究室出身（修士課程）。専門は、無機・触媒化学。1999年にソニー入社。リチウムイオン電池の正極材料の研究開発を担当後、2001年よりバイオ電池の研究開発を立ち上げ、現在（テーマリーダー）に至る。最近はまっている趣味は、マラソン、フットサル。

乾かし固定します。真空蒸着装置などの大規模な設備がいらないのはメリットです。詳しくはお話しできませんが、特別な材料も使っていません。

●どれくらいの電気を取り出せるのか?

このバイオ電池は、濃度7%のブドウ糖水溶液8ミリリットルで1時間程度は手のひらサイズのラジコンカーを動かし続けられるということですが、どれくらいの電気を取り出せるのでしょう。

酒井　2007年8月、最初に発表した時には、電極1平方センチメートル当たり1.5ミリワットでした。これが2010年には10mW/cm^2（ミリワット/平方センチメートル）にあがりました。まずはメタノール燃料電池と同等の性能を目指します。

現在のメタノール燃料電池は100～200mW/cm^{2}なのでまだ数十倍の差がありますが、これは空気を取り入れる方式の違いもあります。実用化されている燃料電池はファンを使って空気を取り入れるアクティブ型を採用しているのですが、バイオ電池もアクティブ型にすることで数倍程度の性能アップができる見通しは立っています。しかし、まずはパッシブ型のままでも十分な性能が引き出せるように研究を進める方針ということです。

●安全で長時間持つ電池が実現できる

バイオ電池はあまり高出力の用途は想定されておらず、携帯電話、パソコンなどの電子機器を長時間駆動させることを目的としています。では、現在使われているリチウムイオン電池などに比べて、バイオ電池にはどのようなメリットがあるのでしょうか?

まず、ユーザーにとっての大きなポイントは、ブドウ糖はどこでも入手できること、そして安全性です。現在一般的に使われているアルカリ乾電池の電解液は強アルカリ性なので、目に入ると失明の恐れもあります。開発が進められているメタノール燃料電池では電解液が強酸性で、やはり人体にとって危険です。

ところが、バイオ電池の反応は、中性条件で進みます。その上、材料は人体のエネルギーにもなるブドウ糖。子どもが誤っておもちゃを飲み込んだ時の危険性は大幅に低くなります。

この節の冒頭で紹介したようにバイオ電池の応用例として、手のひらサイズのリモコンカーが使われていましたが、これはおもちゃメーカーのタカラトミーとソニーの共同で試作したものです。おそらくバイオ電池はおもちゃなど、子どもの口に入る可能性がある製品から採用されていくことになるのでしょう。

●人間の体内で動き続ける医療機器の電源に

もうすこし未来的な応用例としては、医療機器があります。心臓のペースメーカーのように、体内に埋め込むタイプの機器にバイオ電池を載せれば、血液中の糖分で発電して、電池交換が不要になるかもしれません。人間の体内であれば、酵素も活発に働きますから、よいことづくめですね。

さらに、バイオ燃料としての応用も検討されています。

酒井 生ゴミ発電にも使える可能性があります。家庭のゴミがゴミでなくなり、資源になるかもしれません。

戸木田 現在は、サトウキビの糖分を発酵させてバイオエタノールを作っていますが、バイオ電池は糖分から直接電気を取り出しますから、こちらの方が将来的には効率がよくなる

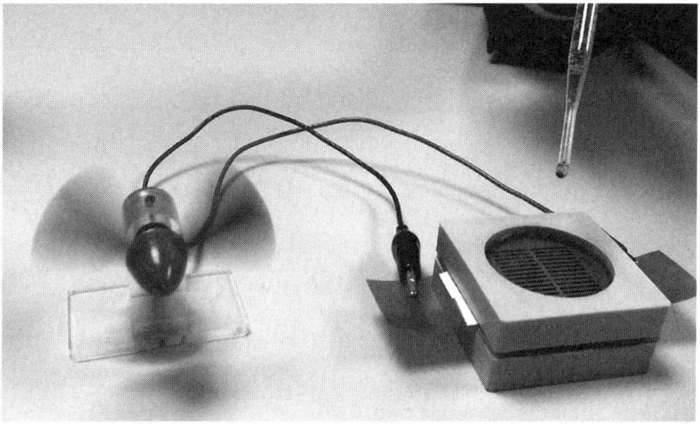

バイオ電池（右）の電極にプロペラをつなぎ、コーラを垂らすとプロペラが回り出す。

と思います。

●これまでの常識を破る電池が続々と登場

イタリアのアレッサンドロ・ボルタが最初の近代的な電池を発明してから200年余り。電気エネルギーを持ち運べるようにする電池は、驚くほどの進化を遂げました。これまでは材料になりえないと思われていた電池が登場し、次々と常識が破られていきます。電力網を安定させるための大型電池から、小型の電子機器用電池、さらには生体内で動作する電池まで、あらゆる場所に電気を供給するための入れ物として、電池の進歩は当分のあいだ留まることがなさそうです。

Chapter 02

バイオエネルギー新時代

バイオエタノールやバイオディーゼルなど、
植物から作り出されるバイオ燃料への注目が高まっています。
しかし、食用・家畜用の作物を燃料に転用することには大きな問題があります。
食料の価格高騰、耕作地の拡大による環境破壊といった問題は
もはや無視できなくなってきました。
こうした問題を解決するカギとして期待されているのが「藻」です。
藻にはオイルを産生するものがあり、
工場で藻を培養して、オイルを絞ろうという動きが世界的に進んでいます。
藻の種類によっては石油に近い成分を産生するため、
バイオ燃料の産業化が可能になれば
世界のパワーバランスさえ変えることになるかもしれません。

バイオ燃料は環境に負荷をかけない?

●「自然」「バイオ」に弱い私たち

私たちは、どうも「バイオ」とか「有機」とか「植物由来」といった言葉に弱いようです。

「石油から作られた化学製品より、植物から作られた『自然な』製品の方がいい!」

そんな風に考えてしまうことはありませんか?　皮肉なことをいえば、トリカブトに含まれているアコニチンは「自然由来」ですが、恐るべき猛毒でしょう。「自然」なイメージのあるものが、必ずしも人間や環境にとって「よい」(「よい」という言葉の意味も極めて曖昧ですが)とは限りません。

エネルギーに関しても、私たちはついつい言葉のイメージで判断してしまいがちです。

森の木を薪にして火を起こすのは環境にいいけど、ガソリンを燃やすのはダメ?　キャンプ程度なら問題ないでしょうが、大規模に森を伐採すると、生態系を破壊することになりますし、薪を燃やすより石油を燃やした方が排出される二酸化炭素の量は少なくて済みます。

ここで話をややこしくするのは、「カーボンニュートラル」という考え方です。植物を燃やすと二酸化炭素が排出されますが、その二酸化炭素に含まれる炭素原子は、植物の体内にあったもの。そしてその炭素原子は、植物が成長する際に大気中から取り込んだ二酸化炭素に由来する。つまり、植物を燃やした時に二酸化炭素が出ても、それはもともと大気中にあったものが元に戻るだけで、大気中の二酸化炭素は増えても減ってもいない……というのです。何だか騙されているような気がして、腑に落ちないと感じる人の方が多いのではないでしょうか。

2006年、米国のブッシュ大統領は一般教書演説でバイオエタノールの重要性を訴え、これをきっかけにトウモロコシから生成されるバイオエタノールが一挙に注目を浴びました。この時に、バイオ燃料の大義名分となったのがカーボンニュートラルです。

しかし、このバイオエタノールが本当に環境負荷が低いのか、あるいは「割に合う」のかについては、早くから科学者の間でも意見が分かれました。スミソニアン熱帯研究所のJorn Scharlemann博士とWilliam F. Laurance博士によれば、トウモロコシ由来のバイオエタノール燃料は、温室効果ガスの排出量、環境への影響から見て、「最悪」のバイオ燃料ということです。

カーボンニュートラルという主張にしても、バイオ燃料を生成するため、あるいは輸送のために使用される化石燃料（もちろん、電気を作るためにも化石燃料は使われます）を考慮に入れたうえで、本当に「ニュートラル」か判断する必要があります。

さらに米国のトウモロコシのように、元々家畜飼料や食料として使われていた作物を燃料に転用する場合の影響も無視できません。政府がバイオ燃料を奨励したことで、飼料や食料向けの価格に影

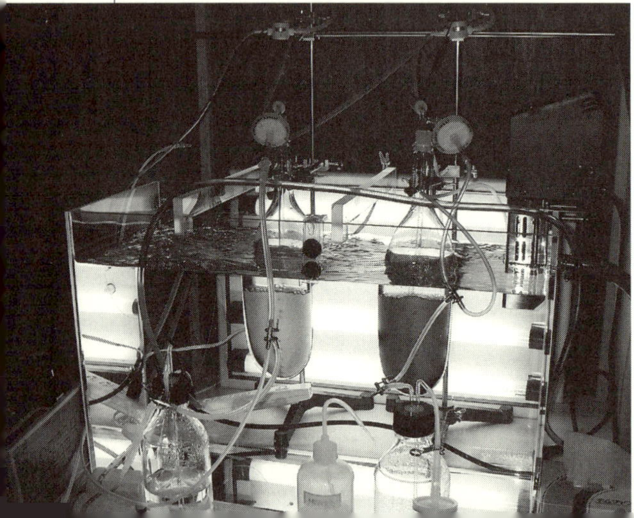

慶應義塾大学先端生命科学研究所の水槽で生育されている軽油産生微細藻、シュードコリシスチス・エリプソイディア。

響があったともいわれます。

作物によっては、新たに森林を伐採して耕作地を広げるということが行なわれることもしばしばです。二酸化炭素を吸収して酸素を供給する森林を破壊して、カーボンニュートラルというのもおかしな話ですね。

上記のような問題点がありますが、だからといってバイオ燃料のすべてがダメということではありません。生成するために必要なエネルギーの収支はどうか、森林などを破壊して開墾することになるのか。「植物だから」といったイメージではなく、コストや環境負荷などを総合的に判断しなければならないということです。

オイルを作る藻が世界を救う?

●オイル産生藻の研究が活発になってきている

コストと環境負荷が低く、穀物などの市場に与える影響も少ない。そういうバイオ燃料として有望だと目されているものに、廃材などから作るエタノールや、各種有機物を分解して作るメタンガス、そしてバイオディーゼル等のオイルが挙げられます。現在のところ、バイオディーゼルを作るために使われるのはアブラヤシやナンヨウアブラギリという作物で、菜種などよりも低コストで採油でき、さらに絞りかすも発電燃料として使えます。ナンヨウアブラギリは食用植物の栽培には向いていない酸性の土壌でも育つのですが、バイオディーゼルの需要によっては食用作物の農作地が転用されることもあります。実際、東南アジアでは、アブラヤシのために森や湿原が開墾される例が増えています。種子にオイルを蓄える高等植物だと、広い農作地が必要ですし、肥料や農薬も必要、収穫や輸送にも手間と燃料がかかります。

そこで近年になって注目されるようになったのが、オイルを作る藻、オイル産生藻です。藻であれば水中で培養できますから、農作地はいらず、工場で生産できます。トウモロコシからのオイル産生量は1ヘクタール当たり年間0.2トン、大豆は0.5トン、アブラヤシで6トン。これに対して、藻類では数十トン以上の生産が可能になるともいわれています。通常、植物は細胞が丈夫な細胞壁によって仕切られていますが、藻の種類によってはこの細胞壁がないものも存在します。その場合、燃料を生成する工程を低コスト化できる可能性もあります。

大きな水槽に藻を入れてグルグル循環させ、太陽光を使って培養していけばいいわけです。収穫もいちいち人手を使うこともなく、機械で完全な自動化ができるでしょう。こういう「植物工場」はまだまだ開発途中の技術ですから、採算性がどうなるのかはわかりませんが、米国系ベンチャーを中心にオイル産生藻ビジネスへの参入が加速しているのは事実です。ShellやExxon Mobilなどのオイルメジャーも大規模な投資を行なっていて、一種バブルの様相を呈していると見えなくもありません。

日本で研究されているオイル産生藻としては、海洋バイオテクノロジー研究所の藏野憲秀博士らが温泉地で発見した、シュードコリシスチス・エリプソイディアがあります。この藻は一般的な植物と同じように光合成を行なって増殖するわけですが、窒素が不足している場合に中性脂肪（トリグリセリド）や炭化水素のオイルを作って蓄積するという性質があります。トリグリセリドはいわゆる植物油、一方の炭化水素は石油などの主成分です。

慶應義塾大学先端生命科学研究所の伊藤卓朗博士は、こうしたオイル産生藻がオイルを蓄積する仕組みを明らかにしようとしています。仕組みがわかれば、より多くのオイルを作る培養条件も見えてくるでしょうし、将来的には遺伝子工学による品種改良にもつながってくるでしょう。

●代謝物質を直接測定する「メタボローム解析技術」が変えたバイオ研究

では、どうやって藻がオイルを作る仕組みを明らかにするのか?

動植物の全遺伝情報を読み取る「ゲノム解析」の手法が普及してきましたが、個々の遺伝子がどういう機能を持っているのか、藻類ではあまり解明が進んでいません。藻類は陸上にも海にも進出して、極めてバリエーションが豊富なのですが、近い種であっても体内の化学反応、つまり「代謝」はまったく違うことがあるのです。そもそも、どんな機能を持っているのかわからない遺伝子は膨大に存在しており、ゲノム解析による情報だけで、藻が実際にどういう代謝経路を持っているのかを推測することは不可能といっても過言ではありません。

「それなら、化学反応でできる物質を直接測定すればいいのではないか」

ところが、これまでの技術で一度に分析できる物質は、せいぜい数十種類といったところ。細胞の中で行なわれている代謝経路は極めて複雑で、生成される代謝物質も膨大です。これでは、細胞の状態をリアルタイムに把握することなど夢でした。

そこに登場してきたのが、代謝によって生成される物質を一斉に調べるという「メタボローム解析」です。この技術を用いることで、数百、数千という物質の分析が行なえるようになり、代謝解析を飛躍的に効率化できるようになりました。

慶大先端生命研で開発されたメタボローム解析技術の代表的な手法について簡単に説明しておきましょう。まず、キャピラリー電気泳動－質量分析計（CE-MS）という装置に、細胞から取り出した代謝物質の水溶液を投入し、高電圧をかけます。すると、水溶液中の物質は泳動、つまり電界の中をふらふらと移動するわけですが、それぞれの物質は物理化学的な性質が異なるため、移動速度が違ってきます。その後、分かれた順番に質量を測定することで水溶液に含まれる物質の構成がわかるのです。

こうして得られた大量のデータをコンピュータで解析し、どのような代謝回路になっているのか仮説を立てます。仮説に基づいて実験を行ない、それを再度検証……ということを繰り返し、細胞内部がどのようなメカニズムになっているのかを少しずつ明らかにしていくのです。

●オイル産生藻の中で行なわれていることが見えてきた

では、研究によって何がわかってきたのでしょうか?

例えば、オイル産生微細藻は、光と二酸化炭素、窒素栄養を取り込んで光合成を行なうわけですが、窒素栄養を与えるのをやめると、オイルをより多く作るのです。これは、何となく不思議に感じるのではないでしょうか。人間の場合、たくさん食べたら脂肪などの形で貯蔵するわけですから。伊藤卓朗博士は、これは一種の防衛反応ではないかと推測しています。

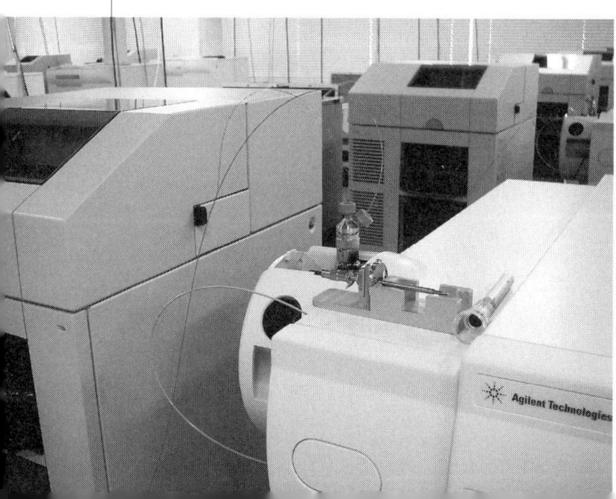

先端生命科学研究所が開発し、特許を取得しているキャピラリー電気泳動－質量分析計(CE-MS)。こうした特許を事業化するため、同研究所からはヒューマン・メタボローム・テクノロジーズ株式会社というベンチャー企業がスピンオフしている。

伊藤 菜種油、大豆油など、植物の種子にはたくさんのオイルが含まれています。なぜかといえば、オイルはデンプンに比べてエネルギーに変換しやすいからだと考えられています。オイルをたくわえておけば、植物が発芽する時、すぐにエネルギーを取り出して、生長することができます。そこからの推測ですが、このオイル産生微細藻は、栄養がなくなって生存が脅かされると防衛反応としてオイルを貯め込み、休眠のような状態になるのではないでしょうか。そして、環境が改善されたら、貯めたエネルギーを使うという戦略なのかもしれません。休眠から目覚めるといった急激な変化が起こる際には、大量のエネルギーを消費しますから。それでは、光合成をしている時とオイルを作っている時で何が違うかというと、増殖にエネルギーを使うかどうかなんですね。光合成をしている時は、増殖にエネルギーを使い、とにかく増えまくります。一方、オイルを作る時は、増殖を抑え、自分自身を守ることに専念するのではないでしょうか。

伊藤博士によれば、これもあくまで仮説であって、今のところ証拠はないため、今後の研究の進展が必要だとのこと。

伊藤 生物の行動を理由付けするには、状況証拠から固めていくしかありません。そして、科学的にわかったことから推測して、人間が理解

伊藤卓朗（いとう たくろう）
1998年、鶴岡工業高等専門学校物質工学科卒業。2001年、弘前大学農学部生物資源科学科卒業。06年、東北大学大学院生命科学研究科において、生命科学博士号取得。06年より慶應義塾大学先端生命科学研究所に所属。

できる物語を作るのです。そもそも生命活動には無駄な部分が多いですよ。代謝活動についても、AからZまで一直線に流れるシンプルなものだと、1ヵ所反応がうまくいかないだけで成り立たなくなってしまいます。常に冗長性を確保し、回り道、無駄を作り、いざという時にはそれらを使う。そうでないと生物は生き残れません。

●トリグリセリドを処理してバイオディーゼルに

先述のシュードコリシスチス・エリプソイディア以外にも、オイルを産生する藻は20種ほど知られていますし、同じ種でも産生能力には大きな違いがあります。慶應義塾大学先端生命科学研究所では、現在オイルを産生する藻のゲノムコレクションを構築している最中です。

こうした藻が蓄積するオイルのほとんどはトリグリセリドです。トリグリセリドというのは要するに植物油と考えればよいでしょう。トリグリセリドはオイルとはいってもそのまま自動車の燃料などとして使えるわけではありません。粘度が高いため、軽油の代わりに入れるとエンジンの中で詰まってしまったりします。

そこで、現在はメチルエステル化という処理を施して粘度を下げて、軽油に近い成分に変換しています。そうして作られたバイオディーゼル燃料は軽油と完全に同じというわけにはいかず、現時点では軽油に数%程度混ぜて利用するのが一般的です。

しかし、新しい技術によって、バイオディーゼルの可能性も広がりつつあります。例えば、新日本石油とトヨタ自動車などが開発しているのは、BHD（Bio Hydrofined Diesel）という生成手法です。これは原料に水素を加えると同時に不純物も除去でき、得られるオイルは極めて軽油に近い成分であることが確認されています。

ちなみに、BHDの場合、植物油だけでなく、獣脂や廃棄される食用油からも作れるというメリットがあります。

トリグリセリドを蓄積する藻類は、いくつか知られており、遺伝子組換え技術や品種改良によってオイルの生産量を増やすための取り組みがさまざまな研究機関によって行なわれています。

ちなみに、ミドリムシの仲間にも、ある種のオイルを産生する種類があり、ベンチャー企業のユーグレナは火力発電所から排出される二酸化炭素を使ってミドリムシを促成栽培しようとしています。

炭化水素を産生するオーランチオキトリウム

●そのまま軽油として使えるオイルを産生する藻を探す

トリグリセリドを産出する藻類の改良を行なう。そして、産生されたオイルを軽油などの成分に近づけるというのが、藻類を用いたバイオディーゼルの1つのアプローチです。

これに対してもう1つのアプローチは、炭化水素、すなわち軽油などを産出する藻類を用いるというもの。こちらであれば、産生したオイルをほとんどそのまま自動車などの燃料として使え、後処理の手間/コストがかかりません。しかし、藻類で簡単に炭化水素を作れるのであれば、誰も苦労してトリグリセリドを化学処理しようとしないわけです。炭化水素を作る藻類は、ボトリオコッカス・ブラウニーという種類が知られていますが、オイルの産生効率はトリグリセリドを作る藻類よりも低かったのです。

筑波大学の渡邉信教授らの研究チームは、長年ボトリオコッカス・ブラウニーから炭化水素を取り出す研究を行なってきましたが、「どんなに楽観的に見積もっても、燃料1リットル当たり約800円になってしまう」という状況でした。原価の時点でガソリンの数倍〜10倍もの価格になっていては事業として成立しません。

ところが2010年12月、この研究に関して大きな進展がありました。従来よりも、大幅にオイル、それも炭化水素の産生効率の高い藻が発見されたというのです。

●光合成をしない藻「オーランチオキトリウム」

この発表を行なったのも、渡邉信教授らの研究チームでした。このチームは日本近海で150株の藻類を採取し、オイル産生能力を調査。その株の1つが極めて高い産生能力を持っていることがわかりました。この藻のオイル生産効率は、何とボトリオコッカス・ブラウニーの10倍以上。「オーランチオキトリウム」という名前の藻類です。

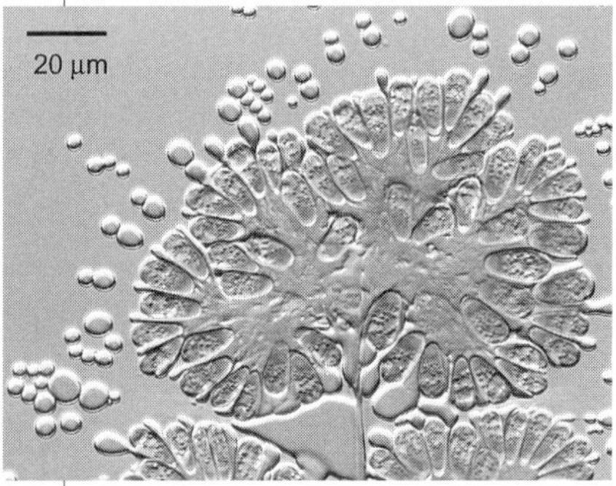

光合成を行なって、炭化水素を産生するボトリオコッカス・ブラウニー。

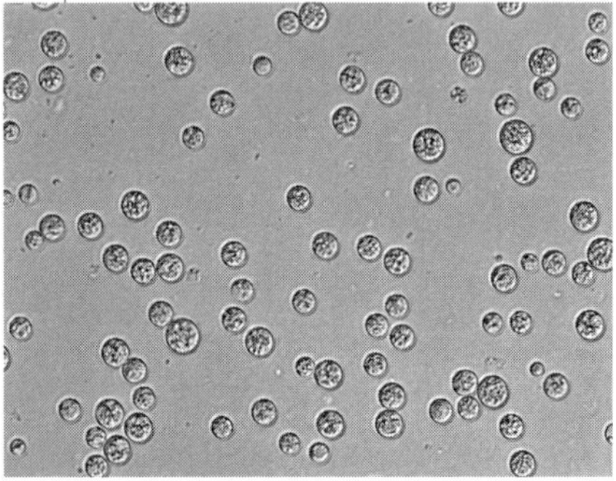

オーランチオキトリウムは、ラビリンチュラという従属栄養生物の一種。光合成はせず、有機物をエサとして取り入れる。

藻類とはいうものの、オーランチオキトリウムは葉緑体を持っておらず、光合成を行なうことはできません。酸素を取り込んで呼吸し、有機物をエサとする従属栄養の生物です。

光合成をしないのに藻類というのは不思議な気もしますが、広い意味での藻類には多彩な生物が含まれています。渡邉教授によれば、オーランチオキトリウムが属しているラビリンチュラ類はコンブやワカメなどと近縁関係にあるということです。生物進化の観点からすると、クロロフィルaを持つ生物のうち、最も原始的なのがラン藻。このラン藻を色素体として細胞中に取り込み、緑藻類、紅藻類、灰色藻類が誕生。このうちの緑藻類を取り込んでミドリムシが生まれ、紅藻類を取り込んでコンブやワカメが含まれる褐藻類が生まれたのです。コンブやワカメの祖先は元々光合成のための色素体を持っておらず、別の生物を取り込んで光合成の機能を備えるようになったわけです。そして、コンブやワカメの祖先のうち、色素体を取り込まずに進化したものが、ラビリンチュラという原生生物になりました。

渡邉　藻類と一口にいっても、色素体を持っているもの、持っていないもの、持っていたけどなくして無色になったものなどが入り混じっています。ラン藻は真正細菌（バクテリア）ですが、オーランチオキトリウムはバクテリアではありません。コンブやワカメに近いものをバクテリアとかカビとはいえないでしょう。ちなみに進化系統樹では、カビやキノコの方がラビリンチュラより、ずっと人間に近いんですよ。

炭化水素は石油の主成分であり、この

渡邉 信（わたなべ まこと）
筑波大学大学院生命環境科学研究科教授。北海道大学大学院理学研究科博士課程修了。理学博士。専門分野は環境藻類学。国立環境研究所研究員、主任研究員、室長、部長、領域長を経て、現職。現在、国際藻類学会会長。

ような物質を体内に蓄積する生物がいるというのは不思議な気がしますね。しかし、深海に棲むサメは肝臓にスクアレンという炭化水素を貯め込むことが知られています。スクアレンは、肝油や化粧品の材料になります。他の魚類と異なり浮袋を持たないサメは、肝臓のスクアレンを浮力調整に利用しているようです。そして、オーランチオキトリウムやボトリオコッカス・ブラウニーについても、炭化水素で浮力を調整しているのではないかという仮説も出されています。

●有望な生物をスピーディに見つけられる「探索」という手法

オイル産生効率の高いオーランチオキトリウムの株は、海から採取されました。遺伝子組換えという言葉を日常的に聞くようになっている現在、自然の中から有望な生物を探すというのはある意味、原始的な方法のようにも思えます。

ところが、このような探索は下火になるどころか、ますます盛んに行なわれるようになっています。例えば、製薬会社は、アマゾンの熱帯雨林などから有用な特性を持った生物を探し出し、新薬開発に利用しています。

2010年に開催されたCOP10（第10回生物多様性条約締約国会議）では、名古屋議定書が採択されました。この議定書の目的は、「『遺伝資源』の利用で生じた利益を国際的に公平に配分する」ことにあります。このようなルールを設けなければならないほど、遺伝資源を求める世界的な競争は苛烈になってきているともいえるでしょう。

では、渡邉教授らのチームはどのようにして、オーランチオキトリウムの新しい株を発見したのでしょうか?

渡邉　宝くじのように、たまたまそういう株を引き当てたと思っていらっしゃる方もいますね（笑）。偶然が科学といえるのかと。しかし、闇雲にあちこちから採取すれば、よい株が採れるとは限りません。私たちも幸運を引き当てるために、周到な準備をしました。藻類に関する論文を相当数調べたところ、オーランチオキトリウムの仲間がオイルを作るという報告がありました。それこそ乾燥重量で0.1%程度と極めて少ないながらも、先述のスクアレンを作るものがいるというのです。そこで、論文から場所の当たりを付けて日本近海で150株採取したところ、今回の株が見つかったというわけです。勝率の低い賭けでしたが、何とか当たりを引くことができました。株が見つかるまでに1年半かかりましたが、これは随分早い方でしょう。遺伝子組換えや品種改良だと、10年や20年かかったかもしれません。探索という手段には、これだけのスピードがあります。

学名の付いた藻類だけでも約4万種。渡邉教授によれば、まだ調べられていないものを含めると、30万から1000万種になるのではないかとのことです。驚くような性質を持った藻類がこれからも発見されるのは間違いなさそうです。

●排水浄化と燃料産生を組み合わせる

従来のボトリオコッカス・ブラウニーに比べると、新しく発見されたオーランチオキトリウムの株でもオイル産生量は3分の1程度です。しかし、オーランチオキトリウムは増殖スピードがボトリオコッカス・ブラウニーの36倍と速いため、オイル産生効率は10倍以上となるわけです。

もっとも、光合成を行なうボトリオコッカス・ブラウニーと、従属栄養のオーランチオキトリウムのオイル産生効率を単純に比較するのは難しい面もあります。

オーランチオキトリウムは有機物をエサにして呼吸しますから、培養環境は閉鎖系、つまり発酵タンクでエサを与えて培養することになります。一方、ボトリオコッカス・ブラウニーは光合成を行なう藻類で、閉鎖系以外に、開放系、つまり屋外のプールなどで培養できる可能性もあります。

有機物をエサとするならば、そのエサをどうやって用意するのでしょうか?　エサを作るために掛かるエネルギーやコストが、作られるオイルを上回るならば無意味なものになってしまいます。

渡邉教授らが構想しているのは、オーランチオキトリウムとボトリオコッカス・ブラウニーを組み合わせた燃料産生の仕組みです。

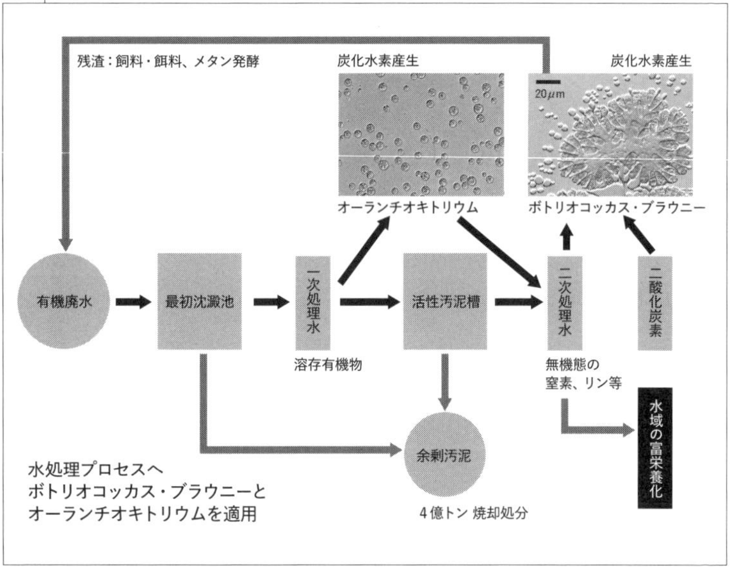

渡邉教授が提唱している、排水処理とオイル産生のシステム。
オーランチオキトリウムとボトリオコッカス・ブラウニーを組み合わせている。

現在、家庭や工場からは大量の有機物を含んだ排水が流れ出ており、それを下水処理場で処理しています。下水処理場では排水に含まれる固形物を沈殿させた一次処理水に活性汚泥というバクテリアの塊を投入して、有機物を分解しています。この活性汚泥の代わりにオーランチオキトリウムを投入して、有用な炭化水素を作らせようというのです。

一次処理水に含まれる有機物をオーランチオキトリウムが分解した後の二次処理水には窒素とリンが大量に含まれていますから、これでボトリオコッカス・ブラウニーを培養してやはり炭化水素を作らせる。そして、炭化水素を抽出した後のオーランチオキトリウムやボトリオコッカス・ブラウニー（の絞りかす）は動物の飼料やメタン発酵に利用する。このように、オーランチオキトリウムとボトリオコッカス・ブラウニーを利用して、有機排水から2回に分けて炭化水素を取り出そうというのが渡邉教授らの構想です。

では、オーランチオキトリウムは具体的にどのように培養するのでしょうか?

渡邉　光合成をしないオーランチオキトリウムの場合は、地下に閉鎖系の培養環境を作るのがよいでしょう。地下なら冬場でも水温は15～20℃くらいで安定しており、15℃なら6時間、20℃なら4時間で倍に増えます。オーランチオキトリウムには光を当てる必要がないため、広い面積が必要ありません。工場のすぐ横にオーランチオキトリウムの培養タンクを設置して、工場の排熱を利用するといった方法も使えそうです。現在、発酵微生物で使われているノウハウや設備をそのまま流用できますから、研究は加速度的に進むのではないでしょうか。

一方のボトリオコッカス・ブラウニーは、開放系が使える可能性もあります。

渡邉 光合成するボトリオコッカス・ブラウニーの場合は、休耕田のような開放系で培養するか、人工的に光を当てる閉鎖系で培養することになります。開放系はコストが少なくて済むというメリットの反面、他の微生物が混入するなど環境制御が難しいという問題点があります。一方の閉鎖系は、環境制御が簡単ですがコストがかかります。開放系のデメリットは、特殊な環境で生きるように藻を品種改良することで解決できるかもしれません。例えば、塩分濃度が海水の2倍という環境で生きられるようにすれば、他の微生物の混入を防げるでしょう。閉鎖系に関しても、使い捨てのソフトプラスチックバッグを使ってコストを下げる方法が研究されています。

オーランチオキトリウムを培養している様子。

ボトリオコッカス・ブラウニーは自然界においても大量発生することがあるため、このメカニズムを解明することができれば、休耕田などで培養することができるかもしれないそうです。

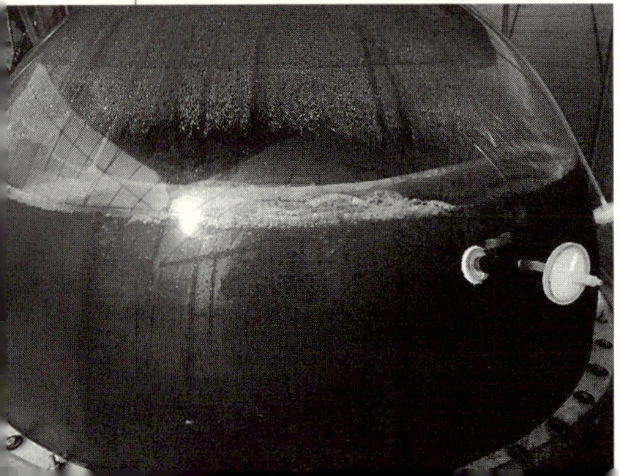
300リットルの培養槽で、ボトリオコッカス・ブラウニーを培養しているところ。

●藻類によるバイオ燃料の産生に待ち受ける課題

低コストのバイオ燃料を産生する可能性のあるオーランチオキトリウム、そしてボトリオコッカス・ブラウニーですが、実用化に至るまでにはまださまざまな課題が待ち構えています。

まず、基礎研究レベルでもまだまだ未解明な部分はたくさんあります。有機排水を処理するといっても、どんな有機物でもオーランチオキトリウムのエサになるというわけではありません。ブドウ糖（グルコース）はあらゆる生物のエサになりますが、それではあまりにも高コストになってしまいます。オーランチオキトリウムには、セルロースを分解できるものもいることがわかっており、エサの多様性を探っていく必要がありますし、遺伝子組換え技術を利用する必要もありそうです。効率的な培養条件などもこれから特定していかなければなりません。

そして、こうした基礎研究と同時に、オイル産生を実用化するための方策も探っていくことになります。研究室レベルでオイルを採取できたことと、バイオ燃料として安定的に供給できるようにすることの間には大きな隔たりがあります。では、藻類のオイルをバイオ燃料として利用するためにはどのような課題があるのでしょうか?

藻類によるバイオ燃料の生成プロセスは、「生産」「収穫」「抽出」の3ステージに分かれています。生産ステージにおける最大の課題は「攪拌」、要するに培養槽の中でぐるぐるかき混ぜることです。屋外プールなどの開放系は別として、閉鎖系では培養槽内を適宜攪拌する必要があります。このためのエネルギーは全工程の半分以上になるともいわれます。次の収穫ステージは、さまざまな手法のうちどれを用いるべきかの手法が検討されているところです。凝集沈殿、遠心分離、フィルターによる濾過といった手法がありますが、それぞれの手法には一長一短があります。凝集沈殿の場合は凝集剤の回収、遠心分離の場合は回転させるモーターの電力、フィルターはいかにコストを下げるか。抽出ステージにしても、実験室ではアルコールなどの溶媒を使えばよいのですが、実用化するためには溶媒の回収が必要になります。

エネルギーに風力発電や太陽光発電などの電力を使えばよいと思うかもしれませんが、それによって得られるオイルが投入したエネルギーに見合わないのであれば意味がないわけです。上記の課題に直面しているのは、筑波大学だけではありません。藻類によるバイオ燃料産生を目指す企業や研究機関すべてが直面している課題です。

●藻類によるバイオ燃料は、世界のパワーバランスを変えるか?

藻類によるバイオ燃料の産生は、実用化に向けた研究が始まったばかりです。効果的な培養条件の見極めや遺伝子解析、トリグリセリドを軽油化するための技術。収穫や抽出についても低コストで行なう技術を開発していく必要があります。

課題はまだまだたくさんあるバイオ燃料ですが、渡邉教授の語ったビジョンが印象的でした。

> **渡邉**　(藻類によるバイオ燃料の影響は)日本が産油国になるということだけではありません。世界のパワーバランスすら変える可能性を秘めています。技術さえあれば、誰もがエネルギーを手に入れられるようになります。私は、エネルギーが潤沢になることで、世界が抱える問題のかなりの部分を解決できるのではないかと考えています。人類をエネルギー資源の制約から解放する、これこそが、全人類が待ち望

んでいるイノベーションではないでしょうか?

田んぼから電気を取り出す

●身の回りの微生物は電気を生み出している

ここまで藻類からバイオディーゼルなどのバイオ燃料を作るという研究について紹介しました。生物を利用したエネルギー生成には、生ゴミなどをエサとして、微生物にメタンガスを作らせるという方法もあります。

しかし、微生物からエネルギーを取り出す方法は、燃料の生成だけではありません。何と微生物から直接電気を取り出してしまおうという研究も進められています。東京大学先端科学技術研究センターの橋本和仁教授のチームが開発しているのは、「微生物燃料電池」です。

一般的な燃料電池では、水素(メタノールから水素を作るタイプの電池もあります)と酸素を反応させて発電するわけですが、微生物燃料電池では、微生物に餌となる有機物を与えて電気を取り出します。微生物から電気を取り出すというのはものすごく不思議なことのように聞こえますが、考えてみると私たちも同じようなことをしているのです。といっても、人間がデンキウナギのように発電するということではないのですけど。

人間を含めて、生物は有機物をエサとして取り入れ、ATPという物質に変換する

橋本和仁(はしもと かずひと)
1955年、北海道生まれ。80年、東京大学大学院理学系研究科修士課程修了。分子科学研究所助手、東京大学工学部講師、助教授を経て97年、同大学先端科学技術センター教授。2004年より現職。専門は光触媒、光磁性材料、有機太陽電池など光化学を基礎とする機能材料学。3年ほど前より微生物を使うエネルギー変換の研究を開始。現在JST/ERATO「光エネルギー変換システムプロジェクト」総括責任者。

ことで生命活動に必要なエネルギーを得ています。有機物は高いエネルギーを持っているわけですが、このエネルギーは生物の細胞内を電子とプロトン（水素原子から電子を取り除いたもの、つまり陽子）の形で伝わっていきます。細胞内で電子とプロトンが受け渡されていく過程で、さまざまな物質を変化させ、最終的にエネルギーはATPの形で蓄えられることになります。最後に、使われた電子とプロトンは、酸素と結合し、水と二酸化炭素が生成されます。

これは、酸素呼吸を行なう生物の場合ですが、微生物でも基本的には同じような反応が行なわれています。ただし、電子とプロトンを受け渡す先は、必ずしも酸素である必要はありません。受け渡される先が、二酸化炭素ならメタンが作られるわけです。ゲップやおならにはメタンガスが含まれていますが、これも腸内の微生物が呼吸の結果作り出したんですね。ですが、二酸化炭素に受け渡す場合は、酸素に受け渡す場合に比べてまだまだエネルギーの残った状態にあります。無気呼吸の場合、取り入れた有機物が持つエネルギーのうち、1/3程度しか利用できておらず、残りの2/3は捨てられているといわれます（だからこそ、私たちは微生物が生成したメタンガスからエネルギーを取り出せるのですが）。

では、電子やプロトンを最終的に二酸化炭素に渡すのではなく、そのまま電極に受け渡すことができたら、電気を取り出せるのではないか?　実は私たちの身近にはそんな微生物がたくさんいるのです。その名も「電流発生菌」といいます。

●その名は「電流発生菌」

電流を発生させる菌と聞くと、ものすごく珍しい菌のように思われるかもしれません。しかし、100年ほど前に発見されて以来、地中や水中のどこにでもいることがわかってきました。それならば、この細菌を電池代わりにしてしまえというのは当然の発想ですが、実用にはまったくなりませんでした。確かに電流発生菌にエサとなる有機物を与えると、ある程度のところまで電流は増えるのですが、その後はいくら菌を増やしても発生する電流が増えないのです。取り出せる電流はせいぜい0.5マイクロアンペア程度で、何かの電源に使えるようなレベルではありません。これは、電極から離れたところにいる菌から電極へ電子を渡せないからだと考えられています。

では、電流発生菌の発生する電流を何とか増やすことはできないのでしょうか?　現在なら遺伝子組換え技術も発達していますから、こうした手法を使うこともできるのでは?

橋本　米国では実際にそういう研究も始まっていますし、私たちの研究室でも研究は進めています。

しかし、橋本教授はこのような研究手法を全面肯定はしていません。

橋本　こうした研究手法は、分子生物学を使っているという意味では21世紀型です。しかし、自然との共生という方向からは離れていくように感じます。

橋本教授らのチームは、電流発生菌の生育環境を改めて考え直すことにしました。実験室では、電流発生菌だけが存在する環境を作っていましたが、これは電流発生菌本来の生育環境とは異なるのではないか。実験室の環境はいってみれば、野生動物を無理矢理連れてきて動物園の檻に閉じ込めたようなもの。自然環境における生態をすべて観察できるわけではないのです。

では、電流発生菌本来の生息環境とはどのようなものか。代表的な電流発生菌であるシュワネラ菌は、海底火山の周辺で採取されました。このように深海から採取された微生物には、必ず酸化鉄や硫化鉄などの物質がまとわりついているのだそうです。

そこで、橋本教授らは、シュワネラ菌の生息している培養液に、酸化鉄のナノコロイドを加えました。ナノコロイドというのは、微少な粒子（この場合は酸化鉄）が液体に溶け込んだ状態を指します。この状態での電流の発生量は、シュワネラ菌だけの場合に比べて圧倒的に多く、50倍以上にもなりました。しばらくすると電流は減るものの、エサとなる有機物を追加すればまた電流が回復します。

いったい何が起きたのでしょうか?

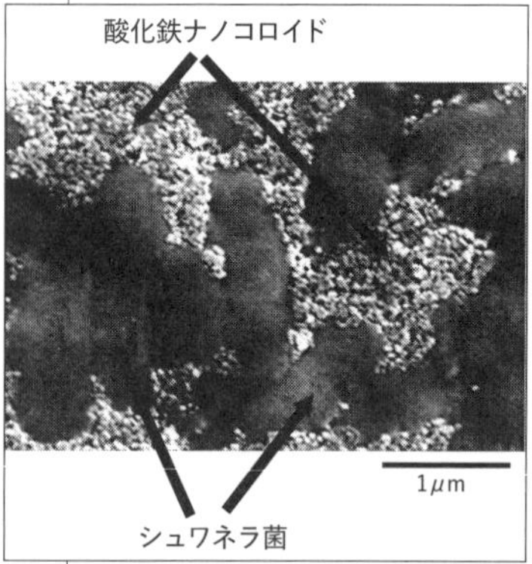

酸化鉄ナノコロイドが、電流発生菌の周りにまとわりついている様子。

電流発生菌だけでは、あまり電流が発生しない（左）。酸化鉄ナノコロイドを入れると、発生する電流が50倍になる（右）。有機物が足りなくなると電流発生量は減るが、有機物を追加すれば回復する。

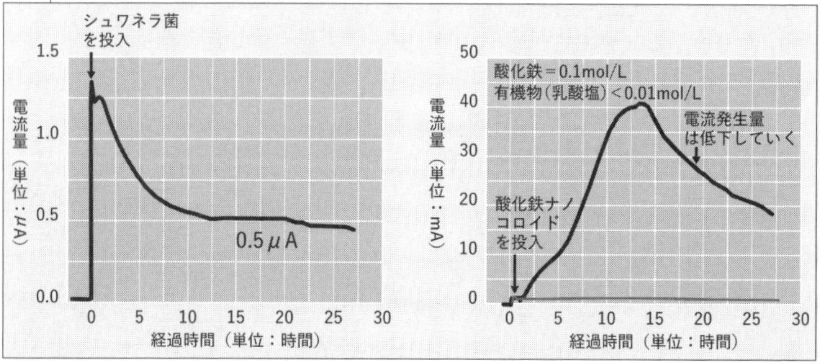

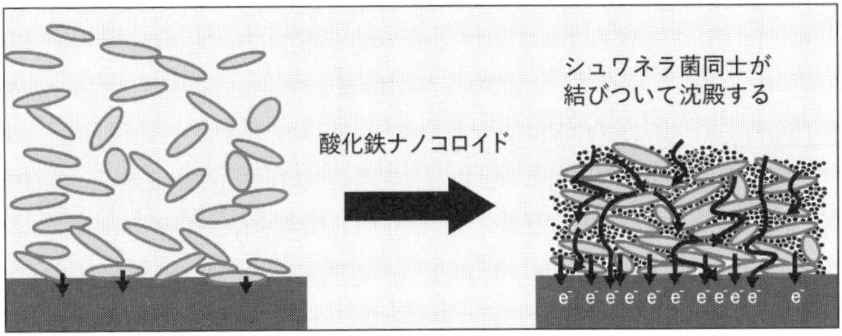

電流発生菌だけだと電極に取り付いたものしか電子を渡せない。しかし、酸化鉄ナノコロイドがあれば、電極から離れたところにいる電流発生菌も電子を渡せるようになる。

●カギは、微生物同士の共生関係にあり

橋本　酸化鉄ナノコロイドが糊となって微生物同士を橋渡しし、さらに電子の伝達を仲介していると考えられます。微生物の放出した電子が酸化鉄ナノコロイドに移り、酸化鉄ナノコロイドからまた別の微生物へとホッピングしていくのです。これにより、電極から離れたところにいる電流発生菌も電子を受け渡せるようになる、つまり呼吸して生き延びられるようになったと考えられます。

この培養液に、鉄イオンと硫黄イオンを加えるとさらに電流が増え、微生物だけの場合に比べて200倍にもなったのです。

橋本　電流発生菌とは別の微生物が硫化鉄を作り始めていました。今までも微生物が硫化鉄を作ることは知られていましたが、これがエネルギー変換に関係することは知られていませんでした。硫化鉄から電子を受け取れるタイプの微生物の割合がどんどん増えていき、それに伴って発生する電流も増えていきました。こういう環境に適応した微生物が助け合いながら、生き延びようとしているのです。この発見にはかなり興奮しましたよ。

橋本教授らはこの発見を元に、「微生物燃料電池」の実験装置を開発しました。現在のところ、1立方メートルの実験装置から130ワットの電力を取り出すことに成功しています。微生物のエサになるのは、残飯などの廃棄物、酒類を作った後の廃液など。廃液中の有機物が微生物によって分解されることで、廃液の浄化装置としても使える可能性があるということです。

生ゴミを分解する装置としては、堆肥を作るコンポストが販売されていますが、これとはどう違ってくるのでしょうか?

橋本 生ゴミにはまだエネルギーが残っていますから、コンポストで分解が進むと熱が発生します。一方、微生物燃料電池は熱くならず、代わりに発電します。熱は拡散してしまうためエネルギーとして利用しにくいのですが、電気として取り出せれば利用しやすくなります。

生ゴミを利用した発電といえば、バイオマスを利用したメタンガス発電装置がすでに存在します。やはり微生物によって有機物を分解するのですが、こちらはメタンガスを発生させてそれを

微生物燃料電池の実験装置。有機物を与えると、電流が発生する。

燃やした熱で水蒸気を作り、タービンを回して発電するというものです。これに対する微生物燃料電池のメリットは、ボイラーやタービンが不要なため、装置を小型化できる点にあるとのこと。

橋本　現在は1立方メートルの実験装置で130ワットの出力ですが、家庭用として使うなら1000ワットは出力できるようにしたいところです。これで生ゴミ処理の機能も備わっていれば、十分に競争力のある商品になるでしょう。今後は処理効率を上げて、分解した後のカスができるだけ出ないようにしていく予定です。

●田んぼで発電ができる?

微生物燃料電池は、微生物にエサの有機物を与えて電気を取り出すというものでした。橋本研究室では、微生物を利用した、さらに野心的な研究も進めています。それは、いわば「微生物太陽電池」です。

有機物を分解して電気を取り出すのではなく、光合成をした結果、電気を発生させることができないか。しかし、光合成をして発電する微生物は、少なくともまだ知られていません。そこで、ここでも利用するのが微生物同士の共生関係です。単独で光合成→発電する微生物はいなくても、光合成→有機物の合成、有機物→発電とそれぞれの役割を持った微生物は珍しくありません。ならば、人工的な物質を使わなくても、適切な環境を調整することで、光を当てるだけで発電できるかもしれない。それが橋本教授の狙いでした。

橋本　東大構内にある三四郎池や、温泉から水を採取してきました。これらの培養液には窒素やリンは加えますが、エサの有機物は加えません。培養液に光を当てれば、この条件下で生きていけるエコシステムができるだろうと考えたのです。実際、光を当てると電流が発生しました。培養液を調べると、少なくとも2種類の微生物が共生していることがわかってきました。1つは光のエネルギーから有機物を作る光合成細菌。もう1つは、有機物を取り入れて電流を発生させる電流発生菌です。光合成細菌の作った有機物を、電流発生菌が取り入れて電流を生み出していたのです。

水田に電極を差し、発生した電流を計測する。

電流を取り出せたとはいうものの、太陽エネルギーの変換効率は、三四郎池から採取した培養液で0.02%、温泉地からの培養液でも0.04%にすぎません。家庭用の太陽電池でも10%以上の変換効率を達成していることを考えると、実用化にはまだ随分距離がありそうです。

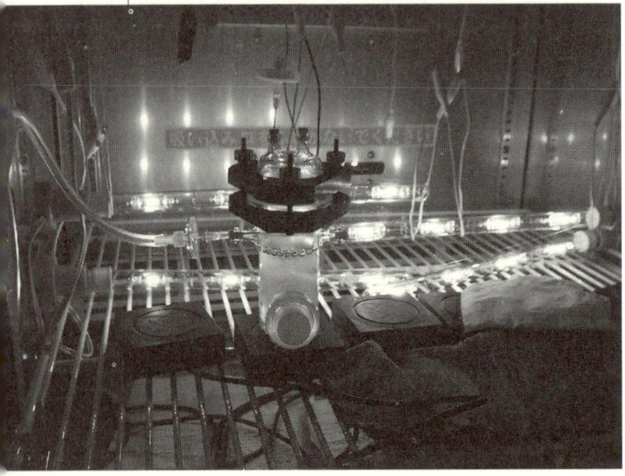

研究室の実験装置では、光合成微生物と電流発生菌の最適なペアを調べている。

橋本　重要なのは、自然の共生関係を生かして、微生物の余剰エネルギーを取り出せたことです。実際の水田を電池として使えないか実験してみたところ、やはり電流が発生しました。イネが光合成を行ない、根から有機物を出し、それを使って微生物が電流を発生させている、つまり太陽電池として機能していると考えられます。この場合の発電効率は、培養液を使った場合よりもさらに低い0.01%ですが、自然の共生関係を利用して発電できた意義は大きいと思います。今後さらに新しい知見を取り入れ、発電効率が今の100倍、1〜2%になってきたら初めて応用的なことを考えられるでしょう。

田んぼ自体を電池にする微生物太陽電池が実現されたとしたら、いったい農業はどのように変わっていくのでしょうか。実に興味深いテーマです。

橋本　それがいえるのはまだまだ先の段階でしょうし、微生物太陽電池ができてもそれでトラクターを動かせるようになるわけではありません。しかし、自然との共生関係を生かすという考え方が、他の分野のアイデアと結びついて、ブレークスルーを起こすかもしれないと期待しています。最近では、工場で工業製品を作るように作物を作る「植物工場」のビジョンが現実味を帯びてきました。確かに、ある段階において植物工場は必要なものだと思いますし、私自身もこうした研究に関わっていますが、あれが究極の姿だとはまったく考えていません。やはり、希薄な自然のエネルギーを使うシステムは、さまざまな分野で研究していくべきです。

Chapter 03

電気を使わず、モノを冷やす

太陽熱の利用といえば、まず最初に給湯が思い浮かぶのではないでしょうか。
しかし、太陽熱を使って、冷房を行なう装置がすでに実用化されています。
いったいどうやって熱を使って冷却するのでしょう?
そもそもモノを冷やすとはどういうことなのでしょう?
もう1つ、冷却に関する技術として紹介するのが「熱音響冷却」です。
工場の廃熱や太陽熱を、音に変えて別の場所に移動し、冷却に利用する、
何とも不思議な技術が研究されています。
電気を使わずに効果的な冷却を実現するこれらの技術は、
節電において大きな役割を果たす可能性を持っています。

太陽熱で部屋を涼しく

●太陽熱はものを温めるだけじゃない

太陽エネルギーの利用方法としては、日本では太陽光発電ばかりがクローズアップされている印象がありますが、もう一つ忘れてはいけないのが太陽熱の利用です。最近では、Googleが米カリフォルニアで建設中の太陽熱発電所に1億6800万ドルもの出資を行なったことが話題になりました。太陽熱発電は、鏡で太陽光を一点に集光し、その熱で水蒸気を作ってタービンを回して発電します。

身近な太陽熱の利用といえば、太陽熱温水器でしょう。住宅の屋上に集熱器を設置して、水を温めてお湯にする。単純な仕組みですが、電気などに変換する必要もありませんから、エネルギー効率は太陽光発電に比べてかなり有利です。太陽熱温水器は、受け取った太陽熱の50%を利用できるといわれています。太陽光発電の場合は、10〜15%というところです。最終的に電気としてエネルギーを取り出すのか、熱としてそのまま利用するのかという違いがありますから、一概に比べることはできませんが、太陽熱温水器は設備も安価ですし、とても経済的な仕組みです。

「でも、太陽熱だと温めることしかできないね。夏の暑い時には冷やしてほしいのに」

ところが、太陽熱を使って建物を冷房することもできるのです。太陽熱で発電してクーラーを動かす……というわけではありません。熱を直接利用します。そんなことが可能なのでしょうか?　でも、それをいうなら、電気を使ったクーラーや冷蔵庫でものを冷やせるのも不思議だと思いませんか?

では、まず電気で動くクーラーはどうやって空気を冷やしているのでしょうか?

クーラーは、室内機と室外機という2つの機械で構成されており、この2つはパイプでつながっています。パイプの中は、「冷媒」と呼ばれる物質が循環しており、室内にたまった熱は室内機で冷媒に移り、室外機へ。室外機では冷媒の熱が屋外の空気へと移ります。つまり、冷媒というベルトコンベアを使って、部屋の中にこもった熱を外に吐き出すのがクーラーといえます。

熱は、温度の高いところから温度が低い方へと移動します（温度差がなくなると、熱の移動は止まります）。液体になっている冷媒が室内機の中で気体になると、部屋の熱を奪って、温度を下げることに

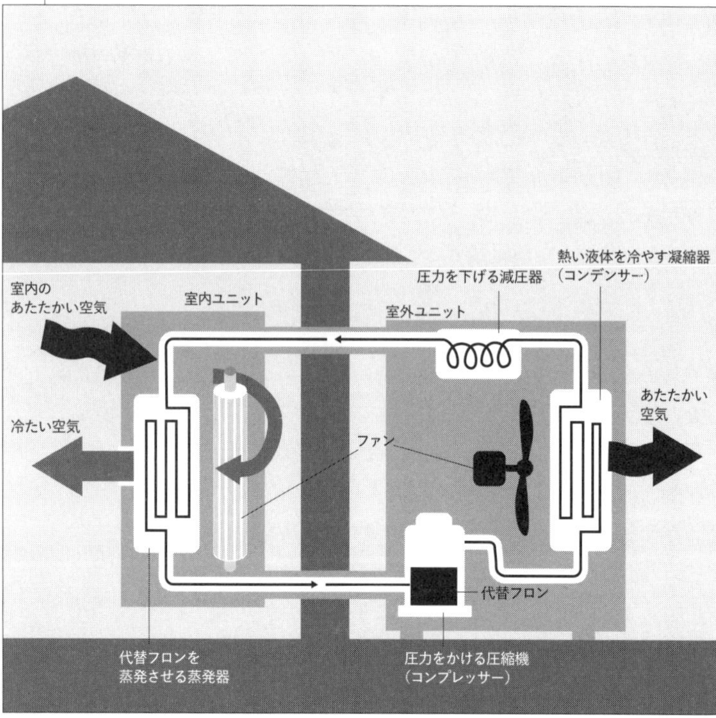

クーラーが働く仕組み

なるのです。注射の時にアルコール消毒をするとヒヤッとしますが、これもアルコールの液体が気体になる時に周りの皮膚から熱を吸収しており、同じ原理が働いています。

では、なぜ冷媒から外の空気へと熱が移動するのでしょうか?それは、室外機で冷媒にぎゅっと圧力を加えるからです。圧力を掛けられた冷媒の温度は外気よりも上昇し、その結果、冷媒から外の空気に熱が移動し、液体になります。さらに減圧器で圧力を減らして、気体になりやすい状態にし、また室内機に送り込む……。クーラーはこのサイクルを延々と繰り返しています。クーラーでは冷媒を加圧/減圧することで、液体/気体の状態をコントロールし、部屋の中の熱を外に運び出しているです。クーラーの場合、加圧/減圧のためのコンプレッサーと、空気を送り込むためのファンを動かすために電気が使われます。

ちなみに、冷媒には低い温度で気体になる「フロン」が使われていましたが、フロンにはオゾン層に穴を開けてしまうという問題があるため、現在は使われておらず、各種の「代替フロン」が使われます。もっとも、代替フロンには温室効果があるため、さらに別の冷媒を開発する必要があるわけですが。

●熱を使った冷房装置は40年前からあった

東京ガスでは、太陽熱を利用した冷房装置を開発しており、この原理も電気式のクーラーとよく似ています。ガス会社が太陽熱利用というのも不思議な気がしますが、「熱」を利用した冷房装置はドーム施設やビルなどでごく当たり前に使われています。この吸収冷温水機は、40年以上前から使われているのだとか。太陽熱もガスも、熱を使うということでは共通のノウハウを使っているんですね。

では、太陽熱で冷房する仕組みを簡単に説明しましょう。

太陽熱を用いた冷房装置も、室内機と室外機に分かれています。まず室内機の方から見ていきます。

室内機の中には、冷水の循環するパイプが通っており、それが部屋の空気から熱を奪います。7℃だったパイプ内の冷水（この水をAとしておきましょう）は、部屋の空気から熱を奪うことで15℃にまで上昇しますから、この熱を何とかして外に捨て、もう一度7℃にまで冷やさないといけません。それを行なうのが、室外機です。室外機は、①蒸発器、②吸収器、③再生器、④凝縮器の4つの部屋に分かれています。

部屋の熱を奪った水Aは、①の蒸発器に入ります。蒸発器の中

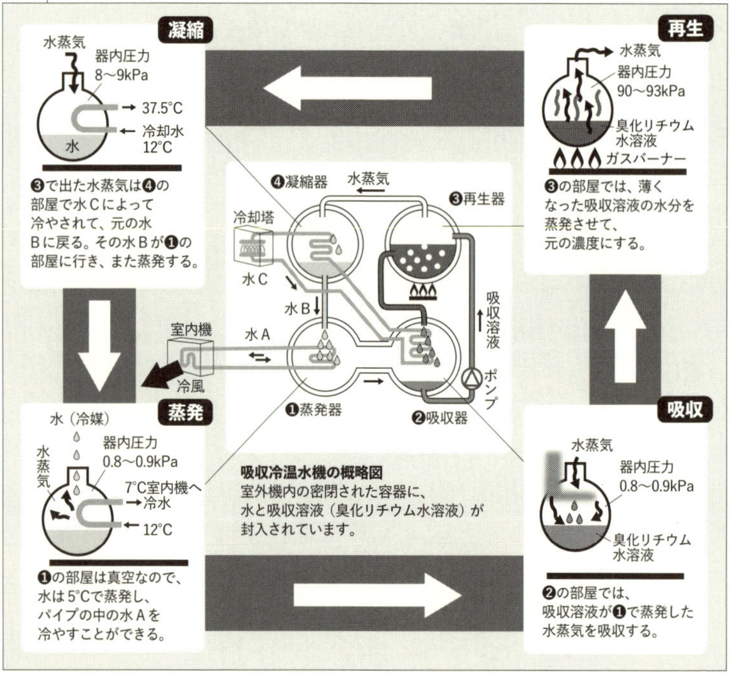

吸収冷温水機の概略図

では、上から水B（冷媒の水とは別系統の水）がポタポタ垂れてきます。その水Bが水Aの循環するパイプに当たると気化して熱を奪うのです。これで、15℃だった水温は、7℃に下がり、水Aは再び室内機へと戻っていきます。

しかし、15℃だった水Aの熱を、同じ水の気化熱で奪うとはどういうことでしょう？　なぜ水Bはあっさり気化してしまうのでしょうか？

よく高い山の上で、普通に米を炊くと、生煮えになってしまうといわれますが、気圧が低いと水の沸点は低くなってしまうのです。実は、先ほどの蒸発器の中は1/100気圧にまで減圧されており、水は5℃程度で気化してしまうのでした。

さて、蒸発器の中で水Aから水Bへと熱は移りましたが、今度はその熱をどこかに移さないといけません。蒸発器の中で水蒸気になった水Bは、今度は②の吸収器に移動します。この吸収器の中では、臭化リチウムという物質の濃い水溶液が、上からぽたぽた落ちてきます。水蒸気でいっぱいのところに、臭化リチウムの水溶液を垂らすと、水溶液が水蒸気を吸収するのです。ところが、水溶液はある程度水蒸気を吸収すると、濃度が低くなってしまいそれ以上水蒸気を吸収できなくなります。そこで、今度はポンプ（これは電気で動作します）を使って、薄くなった臭化リチウム

吸収冷温水機の外観。この中に、蒸発器、吸収器、再生器、凝縮器が収められている。

の水溶液を③の再生器に送り込みます。

③の再生器で何をするかといえば、臭化リチウムの水溶液に熱を加えるのです。ようやくここで熱を加えるプロセスが登場しました。80℃程度の熱水を用意すれば、臭化リチウム水溶液から水分（水B）が蒸発して、④の凝縮器に入ります。凝縮器の中には、さらに別系統の冷却水（水C）のパイプが通っていて、このパイプに水蒸気が触れると、水Bは液体の水に戻り、①の蒸発器で水Aを冷却するのに使われるということになります。

では、水Cから熱をどう移動させるかですが、冷却塔から細かい水滴にして蒸発させて、その気化熱で冷却を行ないます（水道から水Cを補充する必要はありますが）。

えらくややこしそうな仕組みになっていますが、電気を使っているのは吸収器から再生器に水溶液を送り込むためのポンプと、あとは空気を送り込むためのファンだけで、それ以外は「熱」しか使っていないのがポイントですね。

電気式クーラーだと、コンプレッサーを使って冷媒の気化/液化をコントロールしていたわけですが、吸収冷温水機はその代わりに熱を使っているというわけです。

●真空管式の集熱器で太陽熱を集める

吸収冷温水機では、臭化リチウム水溶液の濃度を高めるために、熱を加えましたが、この熱源ははっきりいってどんなものでもかまいません。ガスバーナーでもよいし、工場からの廃熱でも、太陽熱でもよいわけです。

給湯に使われる家庭用の太陽熱温水器では、平らな板状をした集熱器が使われますが、これだと60℃程度のお湯しか作れません。太陽熱による冷房装置のためには、より高温を取り出せる真空管式の集熱器が使われています。

真空管式になっているのは、集めた熱が外に逃げるのを防ぐため。真空管式集熱器にはいくつかの方式があり、中心にヒートパイプが通ったタイプもあります。ヒートパイプの中には特殊な熱媒が入っていて、太陽熱に温められると気化します。管の上には水の流れているパイプがあり、気化した熱媒が管の上に上っていくと、熱媒から水に熱が渡されて、熱媒は液体に戻って下に垂れていく。そして、作られた熱水が吸収冷温水機の熱源になります。

ここでも、気化や液化の状態を上手に組み合わせることで熱を移動させているのです。

東京ガスによれば、139平方メートルの面積を使った集熱器で、100キロワットの熱を集めることができ、これによる冷房能力は80キロワットに相当するそうです。太陽熱をフルに活用できるのであれば、冷房をすべてガスで行なった場合に比べて、ガスの消費量を20%削減できるといいます。ただ、

川崎市内にあるビルの屋上に設置された真空管式集熱器。写真に写っているタイプのほか、方式の異なる2タイプを同時に試験している。

真空管の中心を通っているのはヒートパイプ。熱はヒートパイプを通じて、上部の配水管に移動する。

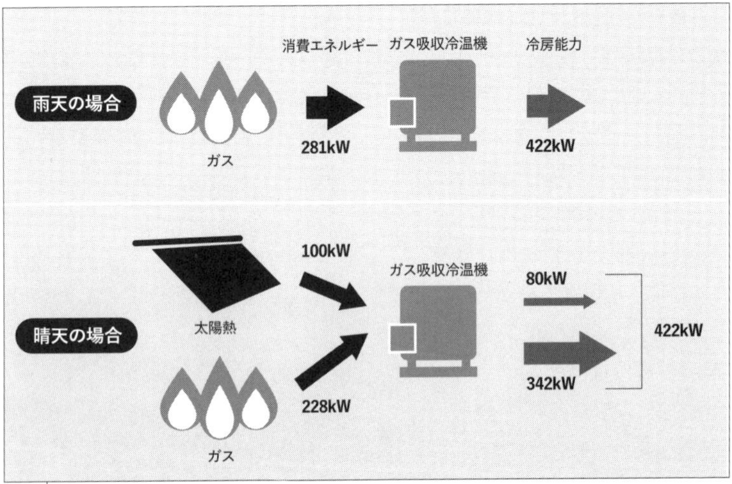

太陽熱をフルに利用できれば、ガスの使用量を20%減らすことが可能だ。

太陽熱を使うためには、やはりそれなりに集熱器を設置する面積が必要になるため、主な用途はオフィスビルなどということになるでしょう。屋上面積が、ビルの全床面積の3〜4%以上取れれば、太陽熱の効果があるとのことです。

熱を音に変えて、モノを冷やす

●パイプを熱すると不思議な音がする

「モノを冷やす」ということが、熱をある場所から別の場所へ移動させることだということが、何となくわかっていただけたでしょうか? 電気式クーラーや吸収冷温水機では、熱源から「冷媒」に熱を移して、最終的に外気に移すことで冷却を行なっています。繰り返しになりますが、この際には電気や熱を使って冷媒を液化/

気化させているのでしたね。しかし、熱を移す手段はこれだけではありません。中でも、特別ユニークな冷却方法が同志社大学の熱音響技術研究センターで研究されています。

このセンターでまず見せてもらったのは、ガラス管でした。机の上には、何の変哲もない直径4センチメートル、長さ40センチメートルほどのガラス管が置かれています。1つだけ変わったところといえば、ガラス管の内部、下から1/4ほどの高さに金網があるということくらいでしょうか。

同センターの渡辺好章教授と坂本眞一博士が、バーナーに火を付けてガラス管の中の金網を下から熱すると、「ボーッ」という不思議な音が鳴り始めました。

この管の名前は「レイケ管」といい、19世紀にオランダの科学者レイケによって発明されました。この現象自体は古くから知られており、鳴り釜と呼ばれる「吉備津の釜」やパイプオルガンを修理のために熱した時にも起こります。

レイケ管を熱すると、不思議な音が鳴る。この現象は「熱音響」と呼ばれますが、それにしてもなぜこのような音が鳴るのでしょうか?

渡辺 熱音響現象は、一種の共鳴現象と考えるとわかりやすいでしょう。(壁の材質によっては)部屋の中で両手をパンと叩くと、「ピーン」という音がしばらく鳴り響きますね。手から発した音にはさまざまな波長の音が含まれているわけですが、この部屋のサイズにあった音だけが共鳴を起こし、残響が響きます。レイケ管に熱エネルギーをつぎ込んでいくと、空気中が激しく振動します。この振動はさまざまな波長の音に成長しうるわけですが、この管のサイズに適した波長の音だけが共鳴を起こすのです。熱し続ければ次から次へとエネルギーが供給されるため、鳴り続けるわけです。

レイケ管の材質は何もガラス管である必要はなく、何でもかまわないとのこと。

坂本　重要なのは、管の下から1/4の高さのところに金網を貼るということです。そして管を縦向きにして金網を熱すれば音が鳴ります。

渡辺　この1/4の位置が熱エネルギーを注入するのに、一番効率がよいポイントなんですよ。ブランコを例に取れば、一番高くなったところで押してやれば、少ない力でこぎ続けることができますね。同じように、管の1/4の位置は音響的なスウィートスポットになっていて、熱が無駄なく音に変換されるのです。

●音を使って、熱を移動させる

熱音響現象は古くから知られていたものの、これが何かに役立つとはまったく考えられていませんでした。ところが、熱音響現象が見直されるようになって、応用研究がさまざまな研究室で進むようになってきました。

熱音響技術研究センターで開発しているのは、熱音響現象を使った

渡辺好章（わたなべ よしあき）
1974年、同志社大学大学院工学研究科電気工学専攻修士課程修了。92年、同志社大学教授。超音波エレクトロニクス、非線形音響の工学的応用、生物ソナー等の研究に従事。工学博士。文部科学省知的クラスター創成事業ヒューマンエルキューブ研究統括、文部科学省現代的教育ニーズ取組み支援プログラム（現代GP）取組み責任者などを歴任し、現在、同志社大学生命医科学部学部長、日本音響学会理事、海洋音響学会理事、同志社大学熱音響研究センター長等。

冷却装置です。レイケ管では管の上下が開放されていましたが、この装置ではステンレス製のパイプがループ状になっています。この中には、「スタック」と呼ばれるデバイスが2つ入っており、熱と音の変換を行なうのです。

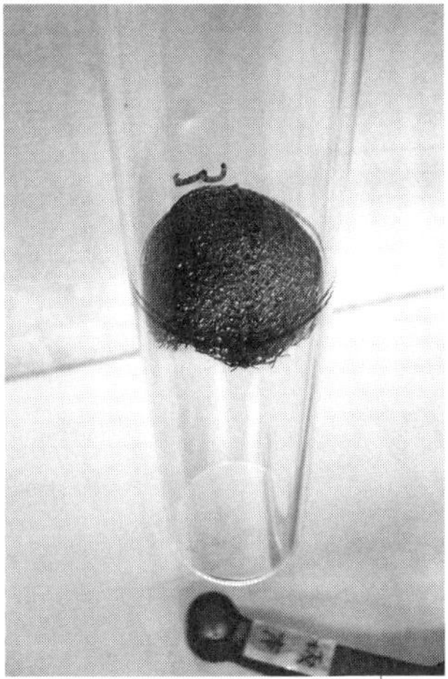

ガラスの管と金網からできたレイケ管。金網をバーナーで熱すると音が出る。

1番目のスタックに300℃の熱を入れると、2番目のスタック下部の温度が室温から5℃まで一気に下がりました。もう少し時間をかければ、マイナス20℃まで冷却して、長時間運転することも可能だそうです。

スタックは、自動車のマフラーにも使われているハニカム構造のセラミックスでできています。細い穴がたくさん空いた最初のスタックを、工場の廃熱などで熱することで、これが音に変わります。レイケ管を熱してボーッという音が鳴ったのと同じ現象が、スタック内の細かい穴の1つ1つで起こっているわけです。そして、この音はループ内を回ります。もし、2つ目のスタックがなければ、熱を加えるほどループ管内に音のエネルギーが蓄積されていくことになります。となると、ものすごくうるさい装置になるのかと思いきや、装置からは大した音は聞こえてきません。振動がないわけではあ

坂本眞一（さかもと しんいち）
2005年、同志社大学大学院工学研究科電気工学専攻博士課程（後期課程）修了、博士（工学）取得。08年、滋賀県立大学准教授。超音波エレクトロニクス、熱音響システム、新しい環境・エネルギーシステム等の研究に従事。09年、文部科学大臣表彰若手科学者賞受賞。08年2月～現在、同志社大学熱音響研究センター幹事。http://shin-ichi.org/（坂本HP）http://ctt.doshisha.ac.jp/（熱音響技術研究センターHP）

りませんが、騒音といえるレベルの音がないのは不思議です。

渡辺　管が振動しているのではなく、中の空気自体が振動しています。音は、気体から固体へはほとんど透過しません。ですから、材質は鋼材やステンレス、真鍮などで大丈夫です。実験では中が見えるようにアクリルを使っています。

従来、科学の世界では、熱と音は完全に別物として研究されており、音響シミュレーションにおいても熱の影響はほとんど無視さ

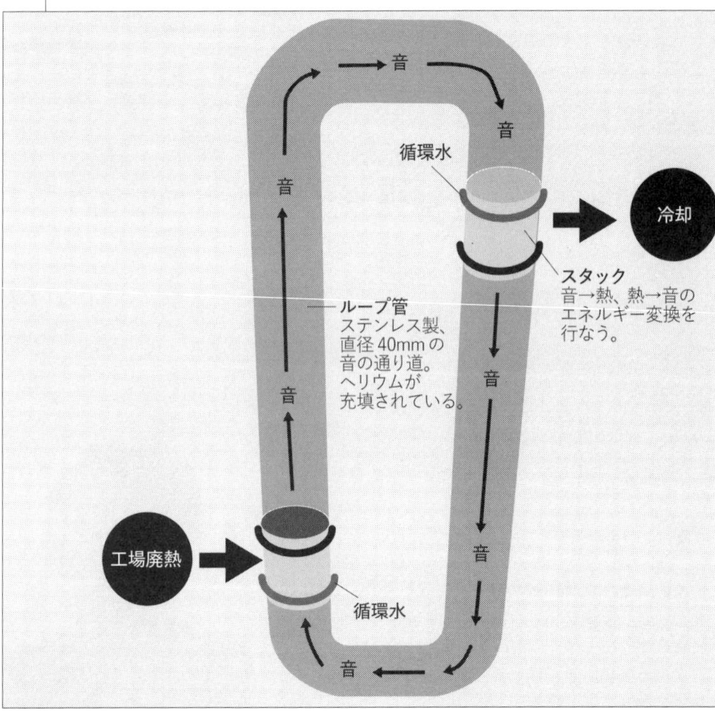

熱音響冷却システムの仕組み。廃熱が与えられると、1番目のスタックによって音に変換される。この音が管の中を伝わっていき、2番目のスタックで熱に変換され、冷却に用いられる。

れていました。それは、音の形で蓄えられるエネルギーが極めて小さかったからです。エネルギー的に見ると小さな音を使い、人間がコミュニケーションを取れているのは、センサーである耳の感度が非常に高いからなのです。渡辺教授によれば、ベートーベン「運命」第1楽章の「ジャジャジャジャーン」の部分を、オーケストラが最大限の音量で演奏したところで、エネルギーとしては1ワットにも満たず、豆球を付けることもできないのだとか。

渡辺　ループ管の中では、音が逃げずに回り続け、どんどんエネルギーが貯まっていきます。ループ管内には、ジェット機100機分の騒音に匹敵するエネルギーが蓄えられているのです。そのまま音として取り出したとしたら、耐えられない音になるでしょう。

さて、1番目のスタックで熱は音に変わり、ループ管の中を伝わっていきます。そして、2番目のスタックで音は、再び熱に変わります。1番目のスタックと同様、ハニカムセラミックスの狭い穴に無理矢理音を通すことで、音波による振動のエネルギーが熱として取り出されています。こうして取り出された熱は循環水で運び出され、スタック下部の温度は急速に低下します。

装置全体で見た場合、必要なのは最初のスタックが受け取る熱（および循環水のポンプを動かすエネルギー）だけということになるわけです。

●廃熱を活用して、エネルギーのムダをなくす

それでは、この「熱音響冷却装置」を用いることで、どんなことが可能になるのでしょうか?

渡辺教授は、廃熱のエネルギーのうち、5〜10％程度を冷却のために再利用できるといいます。

渡辺　現在使われているほとんどの設備や機械は廃熱を捨てるために、別のエネルギーをつぎ込む二重投資をしています。室外機を冷やすために別のクーラーを使っているようなものです。捨てるだけの熱を冷却に活用できれば、無駄なエネルギー消費を抑えられます。

もっとも、ある程度体積のある空間を冷却するためには、廃熱を装置に取り込むために別途仕組みが必要になります。例えば、ファンを回して熱を装置に送り込むといった仕組みです。ファンを駆動するためのエネルギーは必要になりますが、冷却のための仕組みを別途用意することに比べれば圧倒的に消費エネルギーが少なくなります。

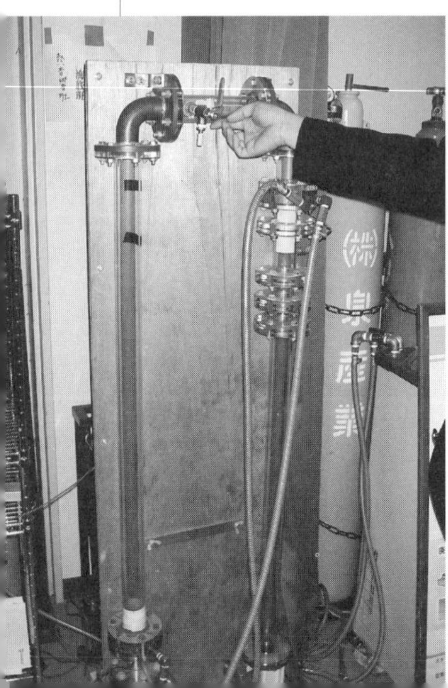

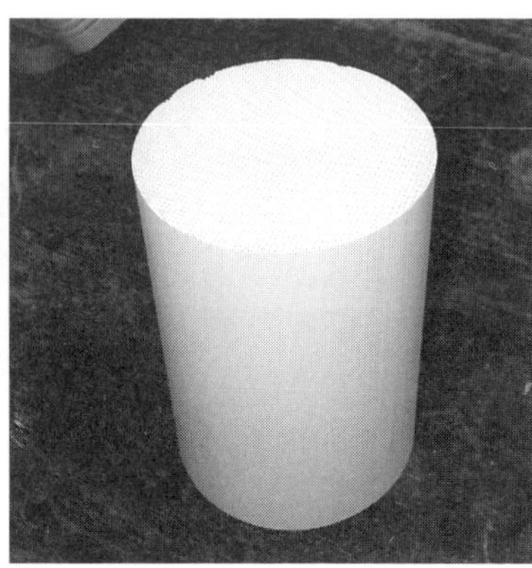

スタックに使われているハニカムセラミックス。1mm程度の細かい穴がびっしりと空いている。

実験用の熱音響冷却装置。廃熱は左下にあるスタックで音に変換され、右上のスタックで熱に変わる。

元々捨てられるだけの熱を利用している上、構造が単純というのも強みでしょう。何せ基本的にステンレス製のパイプとハニカム構造のセラミックス、あとは水を循環させるための小型ポンプだけで構成されているのですから。機械的な部品が極めて少ないため、ほとんどメンテナンスをしなくとも、長期間動作することが期待できそうです。

ただし、機械的部品が少ないから簡単に作れるとはいかないところが、熱音響冷却の難しいところでもあります。

坂本　最初にご紹介したレイケ管を作るのは簡単なのですが、これをループ状にするのが最初の難関です。さまざまな企業の技術者がいらして実験装置を見るとすぐできると思われるようなのですが、試作しても稼働させることはまずできません。装置の部品点数は少ないのですが、音のタイミング、空間的な位置、スタックで使われるハニカムセラミック

廃熱を取り込む1番目のスタック。300℃の熱を入れると、2番目のスタック下部は5℃くらいまで急速に冷えていった。

スの穴の大きさ、気圧、気体の種類等々、あらゆる要素を考慮しなければならないのです。実験ではヘリウムなども混ぜたり、気圧を高めたりしますが、実用化する装置では空気を大気圧で用いることを目標にしています。

現在は、装置の小型化を進めているところで、試作品ではタバコの箱程度に収まるサイズにまでなってきました。

では、この熱音響冷却装置はいったいどんなものに応用できるのでしょうか?

エアコンや冷蔵庫に応用したら、ものすごく省エネな製品ができるような気がしますが、坂本博士によればそれはまだ先の段階だということ。エアコンや冷蔵庫は長年の技術的蓄積が積み重ねられているため、登場したばかりの熱音響冷却がそのレベルにいきなり達するのは難しいのです。

それよりは、廃熱の処理が問題になっている分野への応用が検討されています。

渡辺　例えば、自動車でいえばスポット的に冷やさなければならないところ、逆に、暖めなければいけないところがあります。我々の技術を使えば、追加のエネルギーなしに冷やしたり暖めたりできます。システム全体としてエネルギーの使用量を下げられるわけです。

坂本　コンピュータ関連では、サーバーの冷却に応用できるでしょう。日本の場合、土地代の高いところにデータセンターを建設しますから、サーバーも密集して配置されており、冷房のコストは大変なものになっています。我々の技術で冷房代が不要になるとはいいませんが、何%かはカットできるでしょう。

●電気なしでも砂漠で冷蔵庫が使える

将来的には、熱音響現象はもっと幅広い用途に適用できるかもしれません。まず1つは、熱源の多様化です。工場などからの廃熱以外にも、まだ活用されずにいる熱源はいくらでもあります。この章の最初で紹介した太陽熱もそうです。太陽熱を冷却に使う吸収冷温水機はどうしても大型化してしまいますが、熱音響冷却を使うことで、よりシンプルで小型の冷却装置を作れる可能性が出てきました。

坂本 廃熱を太陽熱に置き換え、冷却に使う研究を行なっています。元々は、砂漠に設置する薬品用冷蔵庫を作ろうと考えたのです。これまでの冷蔵庫を動かすには、電気が必要で、その電気を作る発電機には何らかの回転体が必要になります。ところが、砂漠だと回転体はすぐに故障して止まってしまうんですね。そこで、熱音響現象を利用し、回転体なしで冷却できる装置を作りました。気温が30℃の時に、マイナス4.5℃まで冷やすことができています。

太陽光をフレネルレンズで集めてデバイスに当てると、デバイス内の温度に大きな差が生まれ、音波が発生します。これで冷却を行なおうというわけです。

渡辺 住宅に応用して、太陽熱が当たっている部分の下にある部屋を冷やせば、その部屋にはクーラーが不要になります。ファンのような装置は必要になるでしょうけどね。

●廃熱から発電する技術の競争が始まっている

さらに、熱音響現象は発電に応用できる可能性がある、そう坂本博士は語ります。

ただ捨てられるだけの熱から電気を取り出そうという取り組みは、多くの研究者によって行なわれてきました。代表的な技術としては、「熱電変換素子」を利用した発電があります。

熱音響現象からはちょっと離れますが、簡単に熱電変換素子について説明しておきましょう。どんな物質でも、両端に温度差を付けると電圧が生じる、すなわち電気を取り出せる「ゼーベック効果」が知られています。とはいっても、ほとんどの物質ではほんのわずかな電圧のため、本格的な発電には利用されていません。実用化されているのは、外気温と体温の差で発電する腕時計用電源や一部の原子力電池くらいのものです。後者は、プルトニウム238から発生する熱を熱電変換材料を使って電気に換えています。もっとも、このタイプの原子力電池は、深宇宙への探査機という特殊な分野でしか使われていませんが。プルトニウム238の発する熱は1000℃、宇宙空間は絶対零度（マイナス273.15℃）という極端な温度差がある環境のため発電できるのですが、この熱電材料は恐ろしく高コストのため、産業利用はできていません。

2008年には、鉛テルルに少量のタリウムを添加した高効率の熱電変換素子を大阪大学の山中伸介教授らが開発しています。将来的には、変換効率が10%以上の熱電変換素子を作れる可能性もあるそうです。

まったく異なる原理ながら、熱音響現象を応用することで熱電変換が可能になるというのが、坂本博士の考えです。熱音響発電の原理は極めてシンプルで、構造的には先に説明したループ状の冷却装置から2番目のスタックを外したものと考えればよいでしょう。1番目のスタックで熱を音に変換した後、熱に戻さず、音のエネルギーでスピーカー板を振動させ、そこから電気を取り出そうというわけです。現在は330ワットの熱エネルギーを供給することで、1ワットの発電に成功しています。まだ熱電変換素子の効率には及びませんが、今後の研究の進展に期待したいところです。

Chapter 04

電力を使わないITデバイス

データをネット上に置いて活用する
「クラウド」サービスが急速に普及しています。
こうしたサービスを支えるのがデータセンターですが、
処理すべきデータが急増するのに伴って、
データセンターの消費電力も膨大になってきました。
高性能でありながら、消費電力は低い。
そんな記憶装置やCPUが求められるようになってきているのです。
そのために研究されているのは、
なんと電力を消費しないハードディスクや、
微細な板バネを使ったコンピュータ。
次世代ITを担うべく、
既存の常識を飛び越えた技術が次々と登場しています。

電力を消費しないハードディスクを実現する

●急速なクラウドの浸透をデータセンターが支える

近年、すさまじい勢いでエネルギー消費が伸びている産業分野があります。意外かもしれませんが、その1つはITです。パソコンや携帯電話は高機能化しており、製品によっては消費電力が増えるということもありますが、普通の人はパソコンを使っているからといって電気代が跳ね上がったとは感じないでしょう。すごい勢いで電力を消費しているのは、主にデータセンターと呼ばれる施設です。データセンターには、膨大な数のサーバーやルーターなどの装置が集積されています。情報を処理するためのCPU、記憶するためのメモリやハードディスクを動かすためには、電力が必要です。

最近はクラウドコンピューティングといって、情報を手元のパソコンではなく、インターネット上で処理しようという風潮が広まっています。メールはGmailで、仕事のファイルはDropboxで、メモはEvernoteで……とクラウドの強みを生かしたサービスが続々登場しており、すでにこうしたサービスを利用している方も多いでしょう。また、FacebookやTwitterに代表されるソーシャルメディア、動画サイトのYouTubeと、ネット上を流れる情報は爆発的な勢いで増加しています。

クラウドというのは要するにインターネット上のサーバー群ですから、ネット上を流れる情報が増えるほど、データセンターの負荷は増大していきます。ミック経済研究所によれば、国内データセンターの消費電力量は2009年度に70億kWh（キロワット時）。2014年度までに年平均7.0%ずつ増加していくと予想されています。データセンターで消費される電力をまかなうため、IT系企業はさまざまな取り組みを行なっています。中でもGoogleは風力発電所と20年

日本国内のトラフィック総量とデータセンターの消費電力量の推移

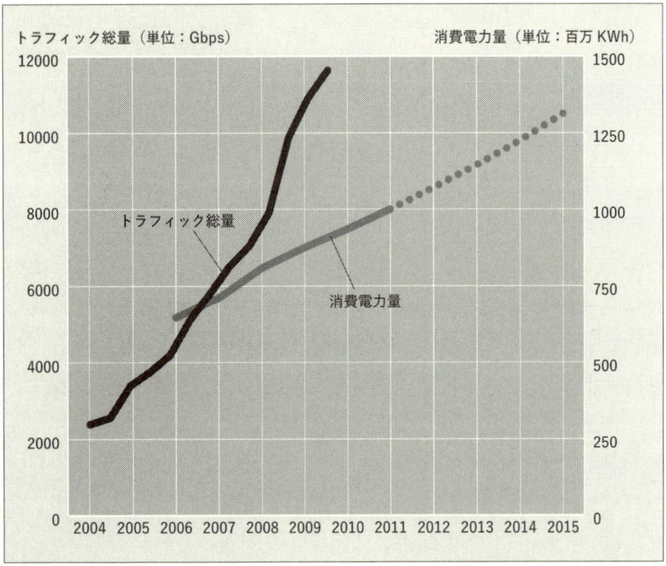

日本のインターネットにおける
トラフィック総量の試算（総務省）

		トラフィック総量
2004年	9月	269.4
	10月	298.1
	11月	319.7
2005年	5月	424.5
	11月	469.1
2006年	5月	523.6
	11月	636.6
2007年	5月	721.7
	11月	812.9
2008年	5月	879.6
	11月	988.4
2009年	5月	1234.0
	11月	1362.9
2010年	5月	1453.7

（単位：Gbps）

※国内主要IXで交換されるトラフィック総量の月間平均値と、国内主要IXで国内ISPと交換されるトラフィックの月間平均値から、協力ISP6社のシェアを算出し、6社のブロードバンド契約者のトラフィックデータと按分することで我が国のブロードバンド契約者のトラフィック総量を試算

国内データセンターの消費電力量
（ミック経済研究所）

	消費電力量
2006年度	5170
2007年度	5690
2008年度	6470
2009年度	7000
2010年度（見込み）	7480
2011年度（予測）	8000
2012年度（予測）	8560
2013年度（予測）	9160
2014年度（予測）	9800
2015年度（予測）	10500

（単位：百万kWh）

間にわたる電力購入契約を結んだり、自社で太陽光発電システムを構築するなど、データセンターを駆動するための積極的な動きが目立ちます。

データセンターで消費される電力の半分程度は、空調や電源などによるものです。処理性能は日進月歩で向上し高密度化され、それを冷却するためにまた電力が必要となる、悪循環に陥っているのが現状といえるでしょう。ネットを流れる情報は今後増え続けるのは間違いなく、それを支えるデータセンターに必要なのは、電力の確保と同時に、消費電力の削減です。そのために、根本的に新しい技術に基づいた演算装置や記憶装置が求められています。

現在のCPUやメモリーに使われているトランジスタが発明されたのは1948年。最初のハードディスクが登場したのは、1956年。半世紀をかけてトランジスタもハードディスクも高性能化、高集積化してきました。トランジスタについては、「ムーアの法則」が有名です。これは、半導体メーカー、インテルの共同創業者であるゴードン・ムーアの文章をベースにした経験則で、「集積回路上のトランジスタ数は18ヵ月ごとに倍になる」と表現されることが多いようです。ムーアの法則は経験則にすぎませんが、CPUの性能向上や、メモリの容量アップは概ねこれにしたがって進化してきたのです。しかし、そろそろムーアの法則にも限界が見えてきたといわれるようになってきました。動作クロックを上げて処理性能を向上させようとすると、発熱が問題になります。回路を微細化すると、本来は絶縁されているはずのところで「リーク電流」が漏れ出てしまったりします。

ハードディスクは円盤をモーターで物理的に回転させることから、フラッシュメモリなどに比べてどうしても消費電力は大きくなります。一般向けのパソコンに関してはハードディスクからフラッシュメモリへの移行が進んでいますが、記憶容量当たりの価格が安いハードディスクはデータセンターなどでまだまだ使われ続けることでしょう。ハードディスクの場合、消費電力を抑えるには高密度化することが対策の1つですが、「熱揺らぎ」◆という現象が起こって安定的に情報を記録できなくなることが問題です。

●電流を流して磁石の向きを変える従来のハードディスク

メモリやハードディスクの性能や容量を向上させつつ消費電力を減らそうと、多くの研究機関やメーカーが取り組んでいます。こうした研究においては、従来知られていなかった不思議な現象が続々と発見されています。

その1つの例として、千葉大学の山田豊和准教授らによる超微細な磁石の研究が挙げられます。山田准教授によれば、この研究の成果によって電力消費なしのハードディスクを実現できる可能性があるということです。

山田准教授の研究について紹介する前に、現在使われているハードディスクの基本的な原理について説明しておくことにしましょう。ハードディスクで情報が記録されるのは、磁性体の塗られたアルミやガラスの円盤です。固い素材でできた円盤なので、ハードディスクと呼ばれます。円盤上には、ナノスケール（1ナノメートルは100万分の1ミリメートル）の小さな磁石が並んでおり、ここに情報が記録されています。

ハードディスクに情報を記録するということは、円盤上にある微細な磁石の向きを変えるということです。ここで使われている基本的な原理はとても簡単、要するに理科の実験でやった電磁石を思い起こしてもらえればよいでしょう。銅線をクルクルと巻いたコイルに電流を流すと、電流の向きに応じて磁

◆ 磁性体の体積が小さくなると、周りの熱の影響を受けて磁化の方向が安定しなくなる現象のこと。

界が生じます。記録ヘッドにはこのようなコイルが入っており、磁界を生じたヘッドを磁性体（小さな磁石）に近づけることで、磁石のN極とS極を変えているのです。このように、磁石の向きを変えるためには、必ず電流を流す必要がある、つまり電力を消費することになります。1つ1つの磁石が消費する電力は大したことがなくても、ハードディスクには膨大な数の磁石が使われています。現在のハードディスクの記憶密度は1平方インチ当たり1テラビット（1兆ビット）に達しており、消費される電力も放出される熱も無視できるレベルではありません。

●電圧をかけるだけで磁石の向きが変化する現象が起こった

ハードディスクが電力を消費するのは、磁界を作るために電流を流す必要があるからです。では、電流を流さずに磁石の向きを変えることはできないのでしょうか?

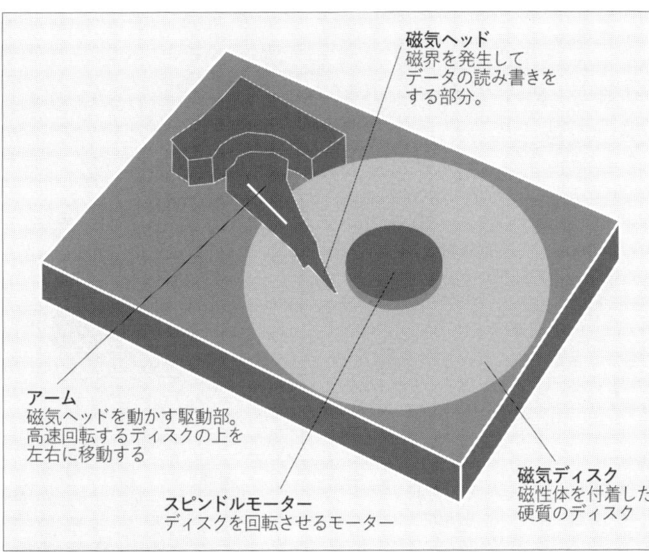

ハードディスクの仕組み

電力消費あり。
現在使われているハードディスクでは、
コイルに電流を流して磁場を作っている。

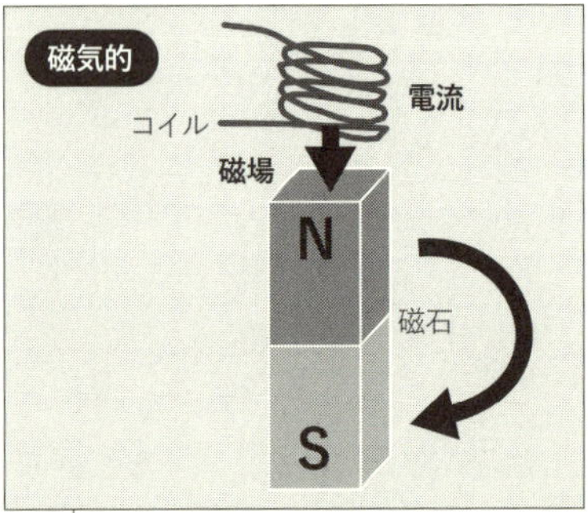

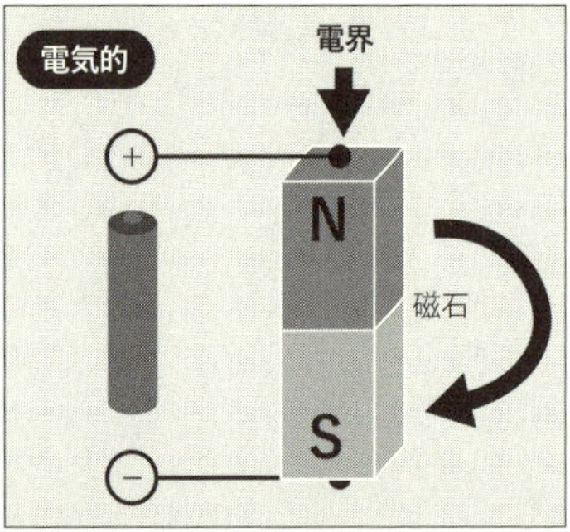

電力消費なし。
電圧を掛けて電界を作るだけで、
磁石の向きを変えられないか?

突拍子もないことのように聞こえるかもしれませんが、このような研究は2003年頃から欧米の研究者を中心に行なわれています。ただし、こうした研究ではレアアースを用いた複雑な酸化物が使われており、実用化できていません。

一方2008年から山田准教授らの研究チームは、上記の研究とは関係なく、鉄磁石を研究していました。鉄磁石といってもナノスケールの世界です。原子が数層重なっただけのナノの世界では、私たちの常識では考えられないような現象が起こります。このような世界を調べるための装置が、走査トンネル顕微鏡です。これは、先端が原子サイズの極めて鋭い針を使って物質の表面をなぞって形を見

山田豊和(やまだ とよかず)
1975年生まれ。2000年にオランダ・ナイメーヘン大学に留学し、走査トンネル顕微鏡による磁気イメージング手法を確立し、05年にPh.D(オランダ博士)を取得。04年から、日本学術振興会特別研究員(PD)、学習院大学理学部助教、Alexander von Humboldtリサーチフェロー(ドイツ・カールスルーエ大学)を経て、現在、千葉大学大学院融合科学研究科ナノサイエンス専攻、特任准教授としてナノ磁石の研究を行なっている。

る顕微鏡で、針の先端と対象の物質は1ナノメートルほど離れているため、対象物質を傷つけることなく調べられるのが特徴です。

山田准教授らの研究プロジェクトが始まって半年ほどした頃、不思議な現象が観測されました。

山田 強磁性（隣り合う各原子磁石の向きが同じ方向を向いて整列している状態）の鉄ナノ磁石に対して電圧をかけると、反強磁性（隣り合う各原子磁石の向きが異なる方向を向いた状態）に変わったのです。最初は測定ミスではないかと思いました

走査トンネル顕微鏡。磁石の特性をナノスケールレベルで観察できる。

走査トンネル顕微鏡の中にある微細なプローブ（探査針）。
物質の表面をなぞって物を見ることができる。

が、丹念に調べると再現性があり、電圧によって強磁性↔反強磁性を切り替えられることもわかってきました。磁場を使わず電界（電圧のかかった空間の状態）だけで磁場の方向を変化させられる、しかもレアアースではなく、鉄という身近な金属でそれができたということがポイントです。これはすごい発見なのではないかと、「Nature Nanotechnology」に投稿したところ、すぐ掲載が決まりました。

このような現象は、普通の鉄磁石では起こりません。ナノスケールでしか起こらない現象なのです。

山田　普通の鉄の場合、内部に伝導電子がありますから、電界の影響が内部にまで及びません。原子2層分というナノスケールだからこそ起こっている現象です。

現在のところ、この現象を完全に説明できる理論はまだないそう

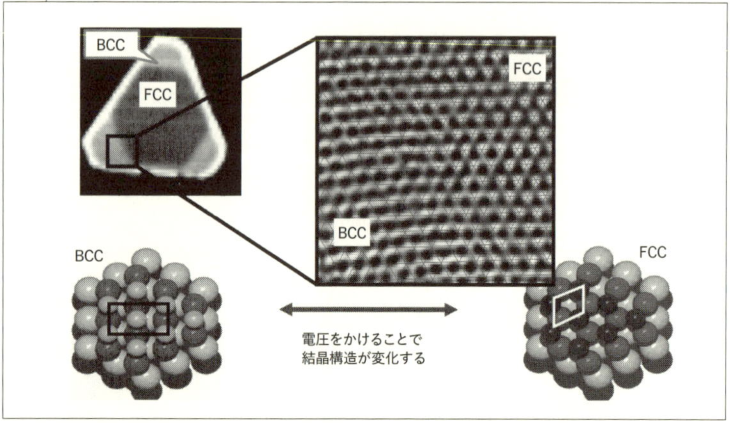

真ん中の図では、左下と右下では原子の配列がずれていることがわかる
（BCCは体心立方格子構造、FCCは面心立法格子構造という結晶構造を指す）。
2層の鉄原子の重なり方が少しずれるだけで、磁石の向きが変わる。

です。

山田 鉄というのはありふれていますが、まだまだ謎の多い物質です。例えば、これは鉄ナノ磁石の原子構造ですが、左下と右上では少し配列がずれているのがわかるでしょう。左下は強磁性、右上の方は反強磁性なのですが、両者では1層目の鉄原子の位置が、ほんのわずか、原子1個にも満たない距離だけずれています。たったこれだけのことで、磁場の方向は逆になってしまうのです。このような現象はマクロな磁石の理論では説明がつかず、理論分野の専門家とも協力して新しいミクロなスケールでの理論を構築しようとしています。従来は、基礎研究と応用研究の専門家が完全にわかれていましたが、今は基礎と応用の垣根がなくなりつつあります。転換期が訪れているのを感じますね。

●ハードディスクの記憶容量が1000～10000倍になる？

この現象を利用することで、低消費電力かつ大容量のハードディスクを実現できる可能性があると、山田准教授は語ります。

山田 現在のハードディスクでは、1つの磁石のサイズはだいたい50×100ナノメートル以上というところです。これに対して私たちが研究しているのは1×1ナノメートル。単純に考えて1000～10000倍の高密度化ができる可能性があります。

必要とされる電圧は数ボルト程度であり、また書き込みや読み込みに必要な磁気ヘッドは現行技術で十分に開発可能なのではないかとのこと。ただし、現時点では、電圧をかけて鉄ナノ磁石の向きを変えることができたという段階です。実用的な記憶装置にするためには、鉄ナノ磁石をディスク面に一様に敷き詰め、安定して書き込み、読み込みができるようにしていく必要があります。また、読み書きのための電力がゼロになったとしても、ディスクを回転させるモーターなどの部品は依然として電力を消費することに変わりはありません。

それでも、「レアアースなし」で「低消費電力」、そして「超高密度」な情報記録が実現できる可能性が見えてきたことにはワクワクさせられます。この研究成果は、ハードディスクだけでなく、まったく新しい記録媒体への道を開くことにもつながるのかもしれません。

「板バネ」を使った、ナノサイズの演算素子

●トランジスタの限界を超えろ

コンピュータというのは、突き詰めれば「0」と「1」、つまり2進数の計算を行なうための装置です。その頭脳であるCPUは多数の微細なトランジスタで構成されています。コンピュータにおけるトランジスタの役割というのは、電子的なスイッチだと考えるとよいでしょう。わずかな電流を流すことで、トランジスタは「0」と「1」の状態を切り替えることができ、これを組み合わせることで複雑な計算を行なっています。トランジスタが普及する以前には真空管が使われていましたが、トランジスタは真空管よりも消費電力が低く、高速に動作するため、あっという間に真空管を駆逐してしまいました。

トランジスタの微細化は留まるところを

◆ CMOSとは、「Complementary Metal Oxide Semiconductor」の略で相補型金属酸化膜半導体。とりあえず現在のパソコンに使われているトランジスタ（を使った回路）の代名詞と考えておけばよい。

知らず、現在では数十ナノメートルというスケールにまで達しています。しかし、この章の冒頭で述べたように、トランジスタが微細化するにつれ、リーク電流が無視できなくなってきました。また、微細化にも限界が見えつつあります。そこで、「More Moore」や「Beyond CMOS◆」というスローガンの下、従来のトランジスタとは異なる原理の演算素子や記憶素子を探る研究が急速に進んでおり、シリコンの半導体の代わりに有機分子を使った素子なども見られます。

こうした「Beyond CMOS」の素子によっては、データの表現方法すら従来型トランジスタと異なってきます。従来のトランジスタでは、「0」と「1」の状態は電荷、つまり電圧が一定以上あるなしによって表現していますが、こうした半導体の常識すら崩す技術が登場してきているのです。

●電荷ではなく、板バネの振動で情報を表現する

「Beyond CMOS」の中には、機械的な構造で演算を行なう素子もあります。機械といっても、ナノスケールの話です。

中でもインパクトの大きいのは、NTT先端技術総合研究所の山口浩司博士らが研究を進めている素子でしょう。この素子は「板バネ」のような形をしており、振動で「0」と「1」の情報を表現するというのです。

試作された板バネ素子の幅は85マイクロメートル、厚みは1.4マイクロメートル。

山口 浩司（やまぐち ひろし）
1961年、大阪府生まれ。86年に大阪大学大学院理学研究科修士課程を修了。同年日本電信電話株式会社に入社。以来、半導体素子に関する基礎研究を行なっている。93年、博士号取得。95〜96年、英国ロンドン大学インペリアルカレッジ客員研究員。2006年より東北大学理学部客員教授。現在、量子電子物性研究部長とナノ加工研究グループリーダーを兼務しながら、特別研究員として研究の最前線にも携わっている。

人間の髪の毛程度の細さです。素子の両端には電極がついており、電圧をかけると圧電素子が板バネを振動させるようになっています。

振動がある状態が「1」、振動のない状態が「0」です。この素子がユニークなのは、異なる周波数の振動を混ぜられる点にあります。

入力信号がAとBの2つあった場合、その演算結果を別の周波数の振動で出力します。さらに、複数の演算結果を1つの素子で「同

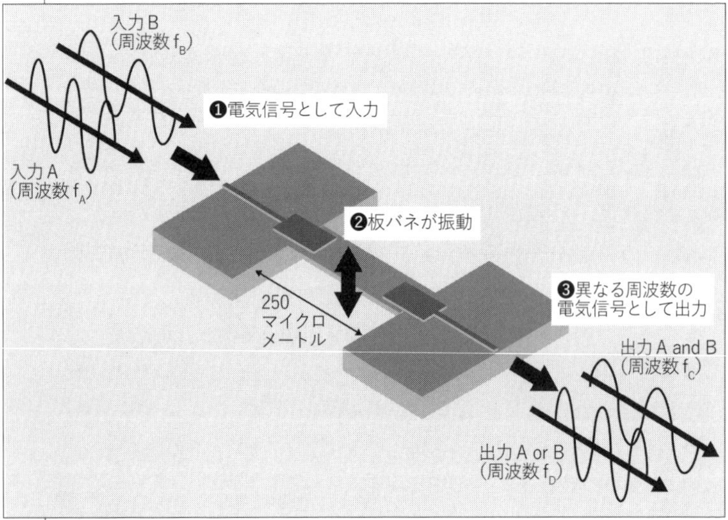

板バネの両端にある電極に電圧をかけると振動する（約10万Hz、振幅は1億分の1メートル）。周波数の異なる2つの信号から、差周波の振動を作り出し、それが演算結果となる。

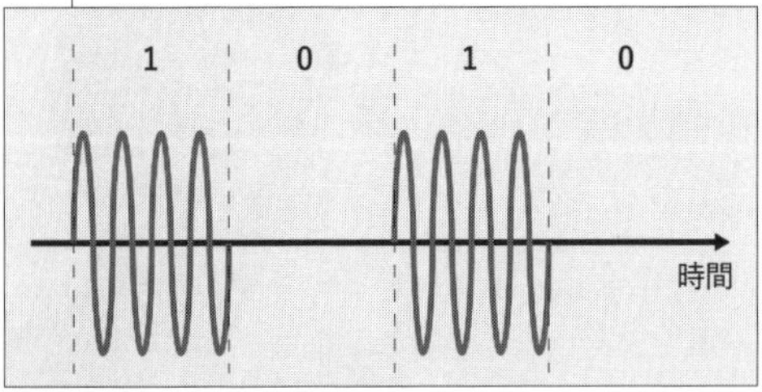

振動の有無で「0」、「1」を表現する。

時に」出力することも可能です。AとBの信号を入力すると、例えば「A AND B」「A OR B」という結果を一度に得られるのです。入力信号や出力信号は増やすことも可能で、現在のところ3つの入力信号を元に、2つの演算結果を同時に出力することに成功しています。

従来型のトランジスタでは、1つの論理演算を行なうためにも複数のトランジスタが必要でした。板バネ素子であれば1つの素子で演算をこなせる上に、複数の結果も同時に得られるメリットがあります。もっとも、1つの板バネ素子でどんな論理演算もこなせるのかどうかは、現在研究中とのことです。

板バネと聞くと、耐久性が心配になりますが、そのあたりはどうなのでしょうか?

山口 機械構造は耐久性がよくないと、みなさん思われるようですね（笑）。しかし、板バネといっても飛び込み板のように大きく揺れているわけではないんですよ。板バネの厚みは1.4マイクロメートルですが、揺れ幅は10ナノメートル程度です。これは原子、数十個分程度の大きさでしかありません。顕微鏡で観察したとしても揺れているとはわからないでしょう。何ヵ月も耐久試験をしたわけではないので、正確なところはまだわかりませんが、板バネの耐久性に関しては技術的にクリアするのは難しくないと考えています。現在多くのプロジェクターに同様なマイクロマシン技術が使われていますが、構造の動く幅がマイクロメートルとずっと大きいにも関わらず、耐久性に関してまったく問題は見られないですよね。

●超低消費電力で、高温にも強いCPUを作れる可能性

板バネ素子は消費電力が従来よりも何桁も低くなる可能性があるそうです。

山口　板バネ1つは、だいたい0.1ピコワット（10兆分の1ワット）で振動を維持することができます。現在のコンピュータのCPUにはだいたい数億個のトランジスタが使われていますが、仮に板バネ素子を1億個並べても10のマイナス5乗ワット（10マイクロワット）しか電力を消費しません。現在のCPUの消費電力は数十ワットにもなりますから、ずいぶんと少ない値です。ただし、今述べたのは、あくまで板バネの振動を維持するだけの消費電力です。現在のCPUも消費電力の多くは、素子間の漏れ電流（リーク電流）などの他の要因が占めていますから、板バネ素子でコンピュータを作った場合に、実際どれくらいの消費電力になるのかはまだわかりません。ただ、潜在的には大きな省エネルギーをもたらす可能性があるため、我々は研究を進めているわけです。

また、板バネ素子は、半導体を用いた従来型トランジスタでは不可能だった高温環境でも使えるかもしれないといいます。

山口　機械的な動作を利用した素子は、原理的には温度に関係なく動作するため、数百度の高温環境でも動作すると期待されています。ただ、板バネ素子の材質は現在のところアルミ・ガリウムヒ素なので、耐熱性は従来型トランジスタと同程度です。

こうした新しい素子は、コンピュータの姿を変えてしまうのかもしれません。

山口　私も専門分野ではないため想像になりますが、センサーネットワークの分野は有望そうです。環境からエネルギーを取り入れて自立的に動作し、演算結果を送信する低消費電力の素子ができるかもしれません。また、エンジンの近くなど、高温環境で動作するコンピュータもできそうです。ナノマシンコンピュータが実用化できたとして、最初のうちは、限定的な分野で使われ始めることになるでしょう。いったん使われるようになったら、急速に普及が進んで現在のトランジスタを置き換えることも、ひょっとしたらありえるかもしれませんね。

山口博士の言及したセンサーネットワークについても新しい動きが起こりつつあります。次は、これについて述べることにしましょう。

電池不要の「紙」端末が作るセンサーネットワーク

●センサーネットワークはなぜ実現できていない?

2005年前後、ユビキタスコンピューティングというキーワードが注目を集めました。現在は、スマートフォンを使って、ワイヤレスネットワークへ自在にアクセスできるようになっていますから、ある意味でユビキタスコンピューティングは実現されたということもできるでしょう。

ユビキタスコンピューティングが盛り上がった頃には、センサーネットワークも話題になりました。環境中や商品、人にセンサーを取り付けてデータを収集し、それを元にして快適なサービスを提供しようというのが、センサーネットワークの基本的な考え方です。屋外や屋内での情報サービス、物流の管理等々、さまざまな提案がなされ、学術論文もたくさん執筆されました。

しかし、センサーネットワークは未だ実現されていません。理由の1つは電源にありました。個々のセンサーは環境中にある情報を取り入れ、それをワイヤレスネットワークを通じてサーバーなどに送信することになるわけですが、そのためには電源が必要となります。大量にセンサーを配置したとして、その電池はどうやって交換するのでしょうか?

●環境中からエネルギーを取り入れる「エネルギー・ハーベスティング」

その解になると期待されているのが、「エネルギー・ハーベスティング」。これは、環境中からエネルギーを取り出して電力に変換する一連の技術の総称です。対象となるエネルギー源は、熱や振

周波数帯別の使用用途（参考：総務省・電波利用ホームページ）

周波数 範囲	波長	慣用の名称 英語
3 - 30Hz	10Mm - 0.1Gm	ELF (extremely low frequency)
30 - 300Hz	1 - 10Mm	SLF (super low frequency)
300Hz - 3kHz	0.1 - 1Mm	ULF (ultra low frequency)
3 - 30kHz	10km - 0.1Mm	VLF (very low frequency)
30 - 300kHz	1 - 10km	LF (low frequency)
300kHz - 3MHz	0.1 - 1km	MF (medium frequency)
3 - 30MHz	10m - 0.1km	HF (high frequency)
30MHz - 0.3GHz	1 - 10m	VHF (very high frequency)
0.3 - 3GHz	0.1 - 1m	UHF (ultra high frequency)
3 - 30GHz	10mm - 0.1m	SHF (super high frequency)
30GHz - 0.3THz	1 - 10mm	EHF (extremely high frequency)
0.3 - 3THz	0.1 - 1mm	

動、可視光など。太陽光発電もエネルギー・ハーベスティングの1つといえます。

東京大学大学院の川原圭博博士らが研究しているのは電波です。理科の実験で鉱石ラジオを作った経験のある人なら、電池がなくてもラジオを鳴らせることはご存じでしょう。

環境中にある電波は微弱ですが、テレビ・ラジオはいうまでもなく、携帯電話など電波を利用する端末は爆発的な勢いで増加しています。ちなみに、日本国内の携帯電話会社は1年間に450万MWh（メガワット時）の電力量を無線基地局からの電波送信に利用しており、これは約125万世帯の電力消費量に相当するのです。

しかし、電波と一口にいっても、さまざまな周波数があります。実は、低い周波数の電波の方が、高い周波数よりも多くのエネルギーを取り出せるのです。これは細かなさざ波より、大きな周期の波の方が威力があるのと同じようなものと考えればよいでしょう。

川原　AM放送（500kHz～1600kHz）は、FM放送やVHFの

日本語		主な用途（日本国内）
極超長波		
超長波		オメガ（電波航法）・標準電波・対潜水艦通信など
長波		標準電波（電波時計）・船舶無線電信・長波ラジオ放送など
中波		中波ラジオ放送・航空無線標識局・海上無線標識局など
短波		船舶無線・航空無線・短波ラジオ放送・アマチュア無線・ラジコンなど
超短波		ワイヤレスマイク・FMラジオ放送・地上アナログテレビ放送・防災無線など
	極超短波	UHFテレビ放送・地上デジタルテレビ放送・携帯電話・PHS・GPS・電子レンジ・無線LANなど
マイクロ波	センチメートル波	衛星（BS・CS）テレビ放送・無線LAN・ETCなど
	ミリ波	レーダー・衛星通信など
	テラヘルツ波	電波天文・非破壊検査など

テレビ放送(30MHz〜300MHz)、地デジや携帯電話(300MHz〜3GHz)よりも理論的には多くのエネルギーを取り出せますが、アンテナの幅が100メートルくらい必要になってきます。テレビの周波数帯ならアンテナは数十センチメートルで済みますから、現在はこれを対象としています。

川原博士らは都内の電波強度を調べており、東京タワーから数百メートル離れた芝公園のあたりでは、市販アンテナを用いた実験装置を使って300マイクロワット、時には1ミリワットを超える電力を取り出すことができたということです。

川原　理論的には、東京タワー周辺でテレビ放送の電波を対象にするなら数百ミリワットくらいまで取れる可能性もあります。Wi-Fiや携帯電話の電波でも、数十マイクロワット程度まではいくかもしれません。

●ソフトウェアで、電力使用を賢く制御

アンテナで電波を受信すると、電流が発生します。しかし、電圧が数マイクロボルトから高くても1ボルト程度しかないため、これでは電子回路が動きません。そのため、整流回路で交流を直流に変換し、昇圧器で電圧を上げるという処理が必要になります。

ただ、このような処理を行なっても、そのままではセンサーとし

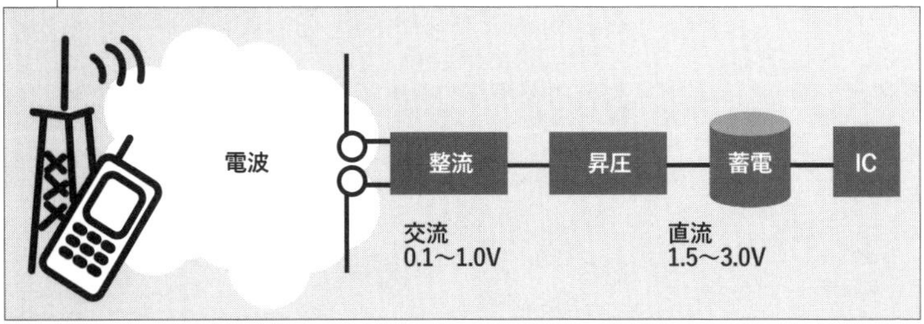

電波を電源として使う回路の概要。

て使えません。なぜなら、従来の電子回路はこのように不安定な環境で使われることを想定していないからです。環境中から電力を取り出そうとすれば、その時々の電波状況で得られる電力は変わってきますし、まったく取り出せないこともあるでしょう。

川原 電子部品がデータ送信などの仕事を行なおうとした途端に電力不足になってしまう。しばらく待っているとコンデンサに電気が貯まっていきますが、中途半端な貯まり具合で使おうとしてまた失敗する……。これではどんなに待っていても仕事をさせることができません。

こうした問題を解決するため、川原博士らはソフトウェア的な仕組みを利用することにしました。センサー自身がどれくらい待機すれば、必要な電力が貯まるかを予測できるようにしたのです。しかし、どれだけの電力の残量があるのかをチェックするためにも電力を消費しますから、定期的なタイミングでチェックしていては意味がありません。

川原 最初にエネルギー残量をチェックしてまだ不十分なら、次に起きる時刻を、例えば5分後というようにメモリに記録して、再びスリープに入ります。5分後に起きてまだエネルギーが貯まってないなら、今度は10分後に起きる、それでもダメなら次は30分後。30分後に十分にエ

川原圭博（かわはら よしひろ）
東京大学大学院情報理工学系研究科講師。2005年、東京大学 大学院情報理工学系研究科博士課程修了、博士（情報理工学）取得。助手、助教を経て2010年より現職。研究上のモットーは、社会に対して大きなインパクトを与えうる技術を、情報通信技術に立脚した手法に基づいて取り組むこと。現在はエネルギー・ハーベスティングと無線給電に注力。

ネルギーが貯まっていて仕事ができたら、今度はもう少し短く20分にしてみる。要するに、できるだけ短い間隔で起きて、できるだけ仕事の回数が多くなるタイミングを探すのです。

データ送信を行なうためには40〜50ミリアンペアの電流が必要になりますが、こうしたマイコンをスリープさせることで、1マイクロアンペアまでに落とし込むことができたとのこと。これによって、マイコンを常に充電状態にしておくことが可能になりました。

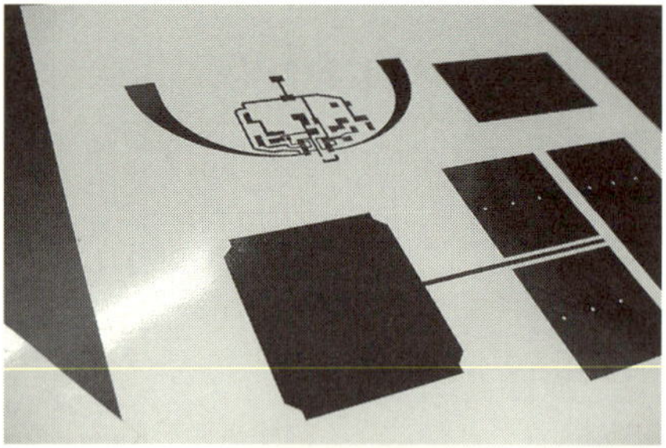

ジョージア工科大学が開発した「紙」アンテナとセンサー。

市販のUHFアンテナと同等の性能を持つアンテナを「紙」の上に印刷した。

●インクジェットプリンターでアンテナを印刷する

そして、驚くべきはこうしたアンテナを紙に印刷できるということでしょう。ここで使われているのは、米国のジョージア工科大学が開発した印刷技術です。銀のナノ粒子をインクジェットプリンターによって紙に吹き付け、オーブンで加熱することで回路を作ることができます。

川原　印刷する形状を変えれば、センサーにもなります。例えば、こちらはここが切れていますね。ここにカーボンナノチューブを入れると、特定のガスに触れた時に伝導率が変わるようになる、すなわちガスセンサーになるわけです。これ以外にも電磁波はさまざまなセンシングに応用できます。例えば、こちらの紙の空いた箇所にチップを載せるだけで、RFIDタグ（Radio Frequency IDentification Tag／ICタグまたは電子タグと呼ぶこともある）として使えるようになります。

同じ東京大学の染谷研究室では、材料に有機物を使ったトランジスタを開発しており、2010年11月には「くしゃくしゃに丸められる」集積回路を開発しています。こうした技術と紙アンテナ、センサーの技術が組み合わさると、あらゆるものに演算素子が組み込まれていくことになるかもしれません。

川原　例えば、食材の品質管理に使えるかもしれませんね。高級ワインや生鮮食品を輸送する時に、温度管理が徹底されていたかどうかの証明に使うこともできるでしょう。電波を電源に使うメリットの1つは、環境中になければ飛ばして給電することもできるということです。物流のチェックポイントなどで電波を照射して給電。輸送中にセンサーはデータを記録し続け、次のチェックポイントでまた給電。いわばマイクロレベルのワイヤレス給電です。

低消費電力のIT機器と聞くとパソコンや携帯電話の駆動時間が伸びるくらいのことだろうと考える人も多いでしょうが、巨大なデータセンターの電力消費量が減れば、化石燃料の使用量も少なくて済むため、エネルギー問題に大きく貢献することになります。

さらに、環境中から電力を得られるようになった時、コンピュータはまったく新しい次元に達することになります。最初に登場したコンピュータは1つの部屋を丸ごと専有するほど巨大なものでした。その後、小型になったパソコンが登場し、専門家でない一般人もコンピュータを自由に扱えるようになり、そして、携帯電話が登場したことで人々はコンピュータを肌身離さず持ち歩くようになりました。

超低消費電力のコンピュータが登場したら、人々はコンピュータを使っているという意識なしにさまざまなサービスを利用することになるでしょう。消費電力が少なくなるということは、予想以上に大きな変化を社会にもたらすかもしれません。

Chapter 05

生物進化を操る

重イオンビームの照射によって生まれた「一年中花を付けるサクラ」や
「塩害に強いイネ」、幹細胞を利用した「マグロを産むサバ」、
そして遺伝子を合成して生まれる「合成ゲノム生物」の可能性。
急速なバイオ技術の発展により、
驚くべき技術が実用化されようとしています。
生命を扱う研究はショッキングに取り上げられることが多いのですが、
これらの研究は食糧などの世界的な問題を解決するカギとなりえます。
この章では、先端の生命研究が開く未来についてご紹介しましょう。

重イオンビームが生物進化を加速させる

●巨大加速器とサクラ

埼玉県和光市にある理化学研究所の仁科加速器研究センター。出入り口には放射線量を計測する機器が置かれ、職員は被曝のチェックを義務づけられています。センター内に入ると、ところどころに三つ葉のような放射能のマークがあり、緊張感を高めます。そして、世界でもトップクラスの加速器「超電導リングサイクロトロン（SRC）」。2〜3階建てのビルほどもある巨大な加速器が鎮座している様子は、まさに壮観です。

そもそも加速器というのは何なのでしょう?　何を加速するというのでしょうか?

物質は原子からできていますが、この原子はさらに陽子と中性子で構成される原子核と、電子からなっています。加速器というのは、陽子や電子、あるいは原子から電子がはぎ取られた陽イオンを加速するための装置です。こうした荷電粒子を光速（秒速約30万キロメートル）の何%という、恐ろしいスピードにまで高めます。しかし、これだけ聞いても何だか、よくわかりませんね。

仁科加速器研究センターによると、同センターの使命は「原子核とそれを構成する素粒子の実体を究め物質創成の謎を解明すること」にあるそうで、巨大なリングサイクロトロンでは宇宙創成の頃に元素がどうやって誕生したのかを研究していたりします。

エコ技術の本のはずなのに、いきなり原子核とか宇宙創成といわれて面食らう人もいるでしょう。

ところが、この加速器は私たちの生活を支える重要な役目も担っているのです。それは、医療と農業。前者の医療では、ガンなどの治療に。後者の農業では、作物の品種改良に活躍しています。

例えば、花については「敬翁桜」という四季咲きサクラを品種改良して、低温期間がなくても開花する「仁科乙女」が生まれていますし、ダリアなどの新品種の育成にも成功しています。また、イネでは、塩分の濃度の高い田んぼでも育ち、コメ粒の質もよい品種が生まれました。

これらの品種改良は、「重イオンビーム」を照射することによる、遺伝子の「突然変異」を利用しています。

「重イオンビーム」とか「突然変異」、また「放射線」といった言葉を見て、かなりの人がぎょっとしたのではないかと思いますが、放射線についてはまた後で述べ、まずは突然変異について説明していくことにします。

そもそも突然変異とは何でしょう? そして、放射線を照射するとなぜ突然変異が起こるのでしょうか?

●突然変異が生物を進化させてきた

ここでは、植物を例にとって、突然変異が起こる仕組みについて簡単に整理しておきましょう。

植物の芽などの生長点では、活発に細胞分裂が起こっています。この過程が起こる前には、遺伝子の本体であるDNAの複製が行なわれます。DNAは二重らせん構造を持った分子で、複製される時には二重らせんがほどけ、らせんそれぞれの「鎖」が鋳型となり、新しいDNAが作られます。こうやってまったく同じ遺伝情報を持った細胞が増えて、植物は生長していくわけです。

DNAの複製も完璧ではなく、当然ミスは起こります。その確率はDNAの分子を構成する塩基10万につき、1つくらい。こういうと少ないようですが、例えばイネで考えると1回の細胞分裂で数千の変異が起こってしまう計算です。そうならないよう、生物の細胞にはDNAの修復機能が備わっており、1本の鎖に傷が付いたりしたくらいではいとも簡単に直してしまうのです。

とはいっても、すべての傷を修復しきれるわけではありません。1本の鎖でもあちこちに傷が付くと治しきれませんし、また二本鎖がいっぺんに切れたりすると、切れた分だけDNAが短くなることもあります。このようにDNAの塩基配列あるいはDNAが乗っている染色体に変化が生じることが突然変異です。

突然変異が起こっても、それが目に見える形で起こることはほとんどありません。なぜなら、変異が起こったのは、2組ある染色体の片方だけだからです（両方の染色体の、同じ位置にあるDNAに変異を起こさせることは現在の技術では不可能）。有名なメンデルの法則にあるように、生物の形質には現れやすい優性と現れにくい劣性があり、優性と劣性の両遺伝子がある場合、優性のみが現れます。

突然変異が起こったと思われる種子や芽が生長して（M1世代）、それが作った種子（M2世代）が生長して始めて、突然変異が目に見える形質となって現れるのです（さし木や球根などで増える植物は

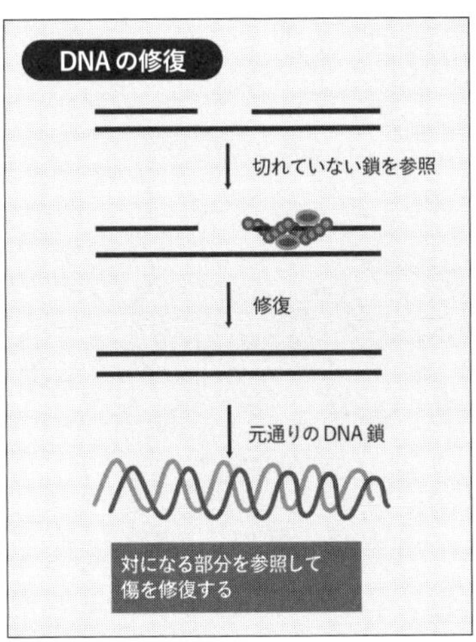

DNAの鎖が1本切れても、
簡単に修復される。

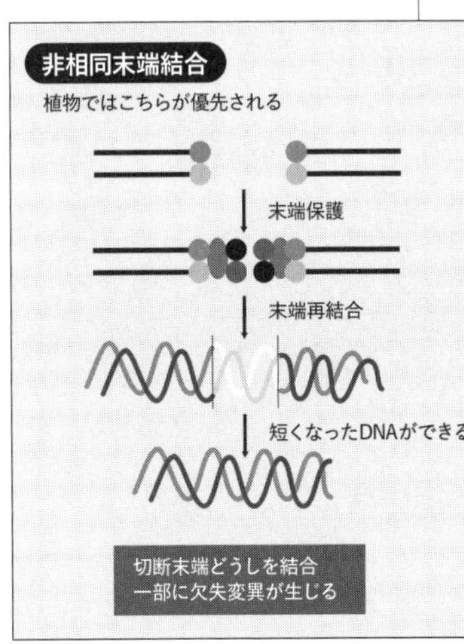

DNAの2本の鎖を一度に切ると、
一部に変異が生じる。

M1世代で変化が現れることもあります)。

突然変異の結果、生物の生存に不利な形質が現れることもありますが、時にはより生存に適した形質が現れることもあります。突然変異の積み重ねが生物を進化させてきた要因の1つであるのは間違いありません。

古来から人間は動物や植物の品種改良を行なってきましたが、これにも突然変異が大きく関わっています。突然変異によって発現した、人間にとってありがたいさまざまな形質、それは作物なら「甘い」ことだったりするかもしれませんし、動物なら「乳が多く出る」といったことかもしれません。そういう（少なくとも人間にとって）有利な形質を持つ自然突然変異体を選んでいろいろな品種と交配させ、またその中から人間が望むよりよい個体を選び出す。動植物の品種改良は、無自覚に行なってきた遺伝子組換えといえるで

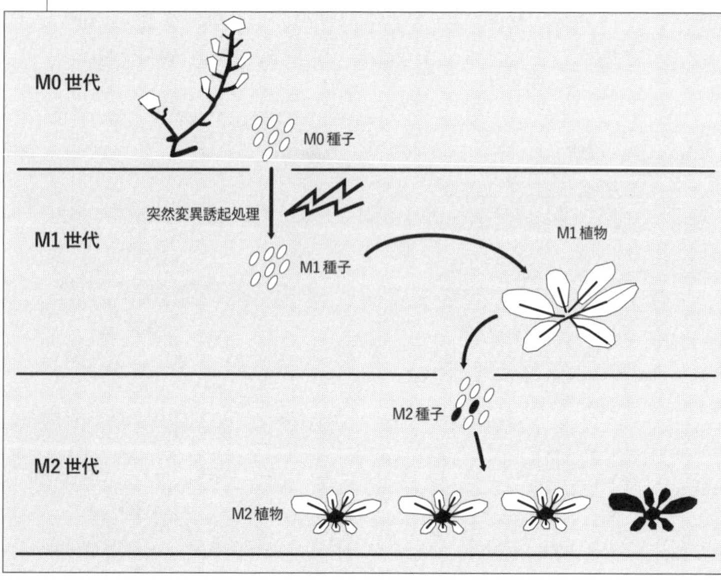

一般的には、放射線を照射した種子から育ったM1世代がさらに種子を作り、ここから生まれたM2世代で形質が発現する。

しょう。

●放射線を当てて突然変異を誘発する

こうした突然変異をもっと高い確率で起こそうと、昔からさまざまな取り組みが行なわれてきました。代表的な手法としては、薬品や放射線を使う方法があります。

後者の場合、用いられてきたのはX線やガンマ線です。これらは高いエネルギーを持った電磁波の一種であり、細胞組織に照射するとDNAを傷つけることがあり、突然変異の確率を飛躍的に高めることができるのです。すでに市場には、X線やガンマ線を利用した品種が何千種類も出回っています。

長い間使われてきたX線やガンマ線ですが、実をいえばこの手法は必ずしも効率がいいとはいえないのです。なぜかというと、突然変異をコントロールしにくいから。

例えていうなら、X線やガンマ線は散弾銃のようなものです。細かな散弾が細胞に当たって、あちこち、時にはDNAに傷を付けるのですが、細かな傷であれば細胞自体が持つ修復機構によって直されてしまいます。じゃあ、修復ができないようにと出力を上げると、細胞自体を殺してしまったり、DNAに傷を付けすぎてしまったりする。実際、品種改良のためには対象の半数が枯れるくらいの強度で放射線を当てる必要があるそうです。

また、細胞を殺さず、適度に突然変異を起こせたとしても、難題が残ります。DNAのあちこちに傷が付くため、どの遺伝子が切れたのかが何ともわかりにくいのです。

例えば、きれいな赤い花を咲かせる植物の背をもっと高くしたいとしましょう。X線やガンマ線を照射したところ、背の高い個体が得られたけど、それは葉っぱの形まで変わってしまった……。背が高いという形質だけが欲しかったのに。望む形質を得るためには、数世代かけて交配を繰り返し、望む形質を持った株を分離していく必要がありました。

●ライフルのようにDNAを打ち抜く「重イオンビーム」

仁科加速器研究センターの阿部知子博士らの生物照射チームでは、「重イオンビーム」による品種改良の研究を行なっています。重イオンビームと聞くと、何となく恐ろしげで、ロボットアニメに出てくる秘密兵器みたいですね。

ヘリウムよりも重い原子から電子をはぎとると、プラスの電荷を帯びた「重イオン」になります。この重イオンを加速器を使って加速したのが、重イオンビームです。生物照射チームでは、炭素の重イオンを光速の半分程度まで加速して、植物の種や芽に照射します。重イオンビームは電磁波ではありませんが、放射線の一種です（ちなみに、加速器は最新の一番大きな超電導リングサイクロトロンではなく、もっと小型の加速器を使っています）。

X線でもガンマ線でも、重イオンビームでも、放射線はみんな同じではないかと思うかもしれませんが、これが大違いです。先ほどの説明では、X線やガンマ線を散弾に例えましたが、重イオンビームはライフル弾だと考えるとわかりやすいでしょう。

X線やガンマ線は、細かな玉が広い範囲に散らばる。これに対して、重イオンビームはもっと少ない数の粒々が飛んできて、その軌跡

阿部知子（あべ ともこ）
東北大学大学院農学研究科修了。農学博士。日本学術振興会特別研究員、理化学研究所基礎科学特別研究員を経て、理化学研究所研究員。組織培養および細胞融合による品種改良、アスパラガスの性分化などの研究を経て加速器に出会う。2008年より仁科加速器研究センター生物照射チーム・チームリーダー。趣味として解きたい謎は、花カマキリの進化。

にだけエネルギーを放出するのです。重イオンビームは、X線やガンマ線よりも当たる箇所はずっと少ないけれど、当たるとDNAの二本鎖を確実にぶちっと切りますから、突然変異を起こしやすくなります。しかも遺伝子の限られた部位だけに変異を起こすので、どんな変異が起こったのかがとてもわかりやすいのです。もっとも、

仁科加速研究センター最大の加速器「SRC」。重量は8300トン、直径18.5m。小型のビルほどの巨大さだ。

SRCは、ウランや鉄などの元素がどうやって生まれてきたのかなど、核物理学研究に用いられる。

カセットに詰められた、種などの照射材料。

カセットに入った種などは、照射口へと自動的に送られ、重イオンビームを数秒間照射される。

現在の科学技術ではDNAの特定箇所だけを狙い撃てるわけではありません。

●重イオンビームなら、新品種を圧倒的に短い期間で生み出せる

先に、品種改良では、交配を繰り返して望む形質を備えた株を分離していくと述べました。

重イオンビームは、変異の起こる箇所が限られていますから、照射した対象のほとんどが生き残り、なおかつ高い変異率を示します。

例えば、赤い花を白くしたいとしましょう。重イオンビームを芽などに照射し、その株をさし木して育てれば、数%程度の個体は花が白くなり、しかも他の形質にはほとんど影響を与えません。さし木で増える植物なら、照射した対象自体（M1世代）が新品種になることだってあるのです。また、種に照射する場合も、次の世代（M2世代）で変異が確認でき、さらにその次の世代（M3世代）ではもう形質が固定されて、新品種となります。

これまで、植物の品種改良には数十年かかることも普通でした。これが数ヵ月から数年程度で行なえるようになれば、農業に革命的なインパクトを与えることになるでしょう。

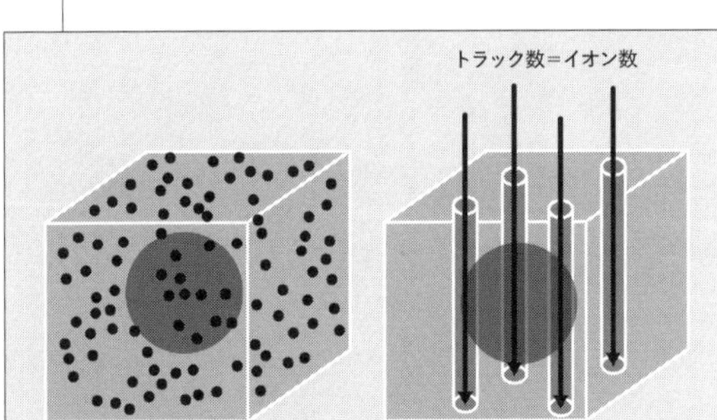

X線やガンマ線の場合（左）は、小さな影響が細胞中の広範囲に散らばる。一方、重イオンビーム（右）では、イオンの飛跡だけに大きなエネルギーが放出される。

●1年中咲くサクラや、耐塩性が高くて美味しいイネができた

すでに花卉《かき》植物では、重イオンビームによって作られた理研産18品種が登録されています。白い花弁に赤いリングのナデシコを純白にした「オリビア ピュアレホワイト」、ピンクの切り花用ダリアの花色を濃くして花弁を増やした「ワールド」などは、店頭にも出回っています。

特に大きな話題となったのは、JFC石井農場の石井重久氏と共同研究を行なった四季桜「仁科乙女」でしょう。元の品種「敬翁桜」は開花するために、8℃以下1000時間という冬の寒さが必須でしたが、仁科乙女は葉っぱを間引くか、葉っぱが枯れる程度の低温にさらすだけで一斉に開花するようになりました。従来の切り花用サクラは、冷蔵庫で長時間保存する必要がありましたが、このような手間が不要になったのは花卉業者にとって朗報です。

一方、穀類や野菜でも研究は進んでいます。生物照射チームと東北大学が共同研究しているのは「日本晴」というイネ。元の日本晴は、塩害の発生している田んぼでは収量が減って、コメ粒が小さくなったり割れたりして味が悪くなっていましたが、品種改良により量と質に耐塩性を両立できる株ができているのだとか。阿部博士は、耐塩性の高い作物を作り出すことで、海洋農場を実現することも夢ではないと語ります。

食用の作物では、倒れにくく収穫しやすいことから矮性

新品種の「仁科乙女」（左）と、元品種（右）の「敬翁桜」。一斉開花させた場合、元品種に比べて3倍の花が咲く。

（草丈が低いこと）が求められることが多いため、ソバやピーマン、さらにはヒエやアワでも研究を進行中。アフリカの気候ではイネよりもヒエやアワの方が適しているため、同地域の食糧問題が大きく進展する可能性もありそうです。

阿部　みんなのおなかがいっぱいになれば、もっと平和が訪れるかもしれない。そう思って研究をしています（笑）

●放射線による品種改良は、自然の時間スケールを短縮したにすぎない

重イオンビームを始めとする技術を用いることで、品種改良がこれまでの数倍以上のペースで進むことは間違いありません。農業の姿も大きく変わっていくことになるでしょう。これまで農地として不適と考えられていた土地、砂漠や海の近くでも穀物を生産できるようになるかもしれません。地球温暖化をめぐる論議では大規模な気候変動のリスクが指摘されていますが、変動に対応できる作物をスピーディに提供できるようになる可能性もあるでしょう。あるいは、「植物工場」（人工的な環境で植物を計画的に生産するシステム）に適した品種を作ることもできそうです。

「放射線を照射して突然変異を起こした作物」と聞くと、自然食好きの人は卒倒するかもしれませんが、筆者自身はこうした品種改良自体に問題があるわけではないと考えています。

先にも述べたように、人間が行なってきた品種改良は遺伝子操作そのものです。自然の中でも突然変異は常に起こり続けており、それこそが生物進化といえるでしょう。もちろん、突然変異によって、人間にとって有害な性質を持った品種が誕生することはないとはいえません。しかし、そのような突然変異は、自然放射線でも生じますし、従来の交配による品種改良でも起こりうることです。む

しろ、重イオンビームなどの手法の方が、突然変異が起こったポイントを絞りやすい分、安全だという考え方もできるかもしれません。

放射線を用いた品種改良は、時間スケールを短縮して、自然の中で起こっていることを再現しただけといってもよいと思います。それに、人間は野生種のままの食物を食べているだけでは現在の文明を築くことはできなかったでしょう。

コケが重金属廃水を浄化する

●日本には豊富な資源が眠っている

生物の本来持っている能力を改良して、さまざまな産業分野に活かそうという動きは、近年ますます盛んになってきました。農業分野に限らず、工業分野にも広がりつつあります。その1つがリサイクルの分野です。

日本は工業製品を作るのに必要な資源が欠けており、鉱物資源の多くを海外からの輸入に頼っています。しかし、まったく別の見方をすれば、日本は世界有数の資源保有国でもあります。

なぜでしょうか?　それは、日本にはすでに製品などの形でレアメタルを始めとする貴重な資源が蓄積されているからです。例えば、世界における金の埋蔵量は約4万2000トン。これに対して、日本には廃棄された工業製品などの中に含まれている金が6800トンもあるといわれています。金を掘り出す鉱山と聞くと、坑道内が金でキラキラしているようなイメージを持つ人もいるでしょうが、普通の金鉱山の場合、1トン当たり3グラム程度しか金が含まれていません。これに比べると、工業製品にははるかに多くの金が含まれています。例えば、携帯電話の場合、1キログラム当たり1グラム弱にもなるといわれます。天然の金鉱石に比べれば、数百倍の含有量があるわけです。近年、都市に集中した工業製品などの資源を「都市鉱山」と見なして活用しようという動きが高まっています。

●生物の力を借りて、低コストでリサイクル

工業製品などに含まれる資源を効率的に再利用しようという動きは加速していますが、ここで問題となるのはコストです。携帯電話に貴重な資源が含まれているといっても、手作業で分解して取り出していては、どうしてもコストがかかってしまいます。

リサイクルコストを下げるための努力は、多くの企業や研究機関が挑戦しており、例えば独立行政法人産業総合研究所では、ボールミルという機械で携帯電話などを破砕して金属部品を粉末にし、そこから金など有用な資源を低コストで取り出す研究を行なっています。また、工業排水から有用な資源を取り出す研究も進められています。

こうした取り組みの1つがバイオを利用した資源リサイクルです。理化学研究所の井藤賀操博士らは、DOWAホールディングスと共同でコケを利用した重金属廃水処理システムの開発を進めています。

ゴミを燃やしてできる灰の溶出液には、大量の重金属が含まれており、井藤賀博士は植物を使って重金属を除去する研究を行なっていました。ところが、灰の溶出液は非常に高いアルカリ性のため、通常の植物では枯れてしまいます。元々コケ類の研究をしていた井藤賀博士は、あるコケの利用を思いつきました。そのコケはヒョウタンゴケといい、たき火のあとなどに生えることが知られていたのです。そこで、井藤賀博士は九州にある汚泥の盛られた土地でヒョウタンゴケを採取します。ちなみに、この土地にはヒョウタンゴケ以外の生物がほとんど生えていなかったそうです。

●乾燥重量で70%もの鉛を取り込むヒョウタンゴケ

井藤賀博士はヒョウタンゴケを円筒状の容器に詰め、重金属の溶出液を流し込みました。すると、コケが廃水に含まれている鉛だけを選んで取り込んでいることがわかったのです。その割合は、何と乾燥重量の70%。つまり、コケを乾かすと、ずっしりと重い鉛の塊になるというわけです。しかも、驚くべきは、鉛を吸収する速さです。

共同で研究を行なっているDOWAホールディングスの中塚清次博士によれば、ヒョウタンゴケの吸着スピードは、工業材料と同等以上とのこと。

中塚　（吸着スピードは）実測できないくらい速いですよ。工業材料を使って重金属を吸着する場合、分単位で汚水と接触させるフィルタを使うのですが、ヒョウタンゴケもほぼ同じ設計で大丈夫です。吸着の性能自体は、工業材料と同等かそれ以上ですね。

ちなみに、コケというと地面に生えている状態をイメージすると思いますが、ここで使われているのは原糸体という状態です。原糸体というのは、胞子が発芽して糸状になったもので、藻類のように水中で培養することができます。

現在、工業廃水から重金属を回収するためには、イオン交換樹脂でできたビーズ

井藤賀 操（いとうが みさお）
大阪府生まれ。1995年、宇都宮大学農学部生物生産科卒業。97年、同大学大学院農学研究科修士課程修了。2002年、広島大学大学院理学研究科博士課程修了、博士号（理学）取得。同年、徳島県のプラント・砕石会社に就職。翌年、退職。03年9月、理化学研究所植物科学研究センターの派遣研究員。04年4月、同研究所同センター研究員（文科省LP研究員）。専門は、応用コケ植物学。主な研究テーマ、原糸体細胞を用いた水環境保全と金属資源回収技術の開発など。

状の粒を使います。このビーズを詰めたフィルタに廃液を流し入れると、ビーズが重金属を吸着するわけですが、容積当たりの吸着効率はコケが勝るだけでなく、鉛だけを取り除くことができる点も優れているということです。

吸着能力が優れているだけでなく、取り込んだ鉛をリサイクルしやすいのもコケの大きなメリット。イオン交換樹脂のビーズの場合、洗浄してからさらに沈殿槽で鉛を取り出す工程が必要になります。これに対して、コケの場合は、そのまま鉛の製錬炉に放り込むことも可能です。

優れた点の多いコケですが、問題はコストにあります。現在のところ、イオン交換樹脂ビーズなどに比べて、コスト的に数倍になってしまっています。

●レアメタルを回収できるコケを突然変異で生み出す

では、コストに見あうだけのメリットがあればよいのではないでしょうか?

そこで、理化学研究所では、ヒョウタンゴケに突然変異を起こさせて、鉛以外の重金属を取り込める株を生み出そうとしています。そのために使われるのが、先に登場した仁科加速器研究センターの重イオンビームです。

通常の植物は2組染色体を持つ「2倍体」(2nと表現します)のため、突然変異の結果を得るために交配が必要になります。ところが、コケの原糸体

野山で観察されるヒョウタンゴケの茎葉体。なお、浄水装置に使われるのは糸状の原糸体である。(写真:James K. Lindsey)

の染色体はn。つまり、重イオンビームを照射した世代で変異が起こるため、交配の手間がかかりません。

ちなみに、ヒョウタンゴケでは金を回収できることも確認されていますが、金のリサイクル技術はすでに極めて高いレベルに達しているため、コケで太刀打ちするのは難しいとのことでした。理化学研究所では、競合技術の少ないレアメタルについて重点的に開発を進めていくとしています。

マグロを産むサバが、次世代の漁業を作る

●水産資源の枯渇は、養殖で救えるか?

広い海にはどこでも魚がウジャウジャいる……ような気がしますが、実際のところ、水産資源（要は人間の食べる魚介類です）の豊富なポイントはごくごく限られています。最近は世界的に水産資源の消費が増えていることもあって、マグロ類などの漁獲規制が進んでいることは魚好きの人にとっては心配なニュースです。

広大な海のほとんどは、いってみれば砂漠のようなもの。植物プランクトンに必要な栄養もほとんどなく、魚は生きられません。栄養分が多くて、植物プランクトンがたくさんいて、その結果魚が集まる、そんなポイントは海流がぶつかる場所だったり、珊瑚礁だったりと、非常に偏っているのです。さらに、米国のNOAA（National Oceanic and Atmospheric Administration／海洋大気局）は、海面水温の上昇と同期して、「砂漠海域」はますます拡大していくという報告を出しています。

農業の発明によって地上の作物は比較的安定して収穫できるようになりましたが、水産資源についていえば私たちは未だに狩猟・採集から抜け出せていないといえるかもしれません。

海から魚を釣ってくる漁業が頭打ちになりつつあることで、育てる漁業、つまり「養殖漁業」への転換が進められています。中でも話題になったニュースは、クロマグロの完全養殖に成功したというニュースでしょう。近畿大学の水産研究所では、30年以上かけて、卵から成魚まで育てるノウハウを確立。すでにビジネスとしても動き出しています。また、水産総合研究センターは、ウナギの完全養殖に成功し、人工授精で生まれた稚魚を成魚まで生育させ、オスとメスが精子と卵を作るところまでたどり着きました。

では、養殖に成功すれば、絶滅に瀕している魚も守れて万々歳、といいたいところですが、そう単純にはいかなかったりします。大きな問題の1つは、遺伝子の多様性です。

完全養殖の場合、そこで生まれた魚は、近縁関係にある可能性が高いでしょう。絶滅を防ごうと、そうやって育てた魚を海や川に放流すると、本来よりも遺伝子の多様性が低くなってしまいます。多様性を失った生物群は、環境の変化に対して極めて脆弱です。魚類に限らず、生物を守るということは、たんに個体の数が多ければいいというだけでなく、遺伝的な多様性も考慮する必要があります。

●タフな人生を送っているアイダホのベニザケ

米国アイダホ州には、レッドフィッシュレイクという湖があります。レッドフィッシュとはベニザケのこと。湖の上流の川で生まれたベニザケは、湖で1年から数年過ごした後、海に向かい、産卵期になると再び生まれた河川に戻ってきます。この時期、ベニザケはオス・メスともに体色が真っ赤になるのですが、それは湖一面を真っ赤に染めるほどだったそうです。湖の名前にもなるほどに。

しかし、そんな光景も今や昔になってしまいました。1990年頃からベニザケの数は激減し、今では戻ってくるベニザケが数匹程度しかない年が続いています。レッドフィッシュレイクは海から1500キロメートルも離れており、標高差は2000メートル。実にタフな環境です。途中の川では水質汚染もあり、この地域のベニザケ集団は絶滅の危機に瀕しているのが現状です。アラスカに生息する同種のベニザケを放流しても、これだけ厳しい環境を生き抜いて戻ってくる個体はいません。レッドフィッシュレイク近辺のベニザケには、代々タフな遺伝子が受け継がれてきたらしいのです。

このレッドフィッシュレイクでは、米国のNOAAやアイダホ大学、そして東京海洋大学の吉崎悟朗准教授らのチームが毎年共同研究を行なっています。ベニザケを捕獲して、「あるもの」を取り出し、それを液体窒素を使って冷凍しています。こうすることで、ベニザケの遺伝子を保存しようというのです。

レッドフィッシュレイクのベニザケはすぐにでも絶滅してしまうかもしれない。けれど、1500キロメートルに及ぶ広大な河川流域の水質その他諸々の環境改善を一朝一夕に行なうことは不可能です。今のうちにベニザケの遺伝子を保存しておけば、周辺環境が回復した時に多様な遺伝子を持ったベニザケのグループを復活させることができるのではないか。そう研究グループは考えています。

ここで保存している「あるもの」とは、ベニザケの卵ではありません。人間などの哺乳動物の場合、「卵」はゼロコンマ数ミリメートルと小さく、冷凍保存の技術もすでに確立されています。ところが、魚卵は数ミリメートルと大きく、脂肪分も多いため、生きたまま保存する技術はまだ存在しないのです。

では、いったい何を保存しているのでしょうか?　それは、精原細胞です。精原細胞とは、精子になる前の段階であり、これが分裂して精母細胞に、さらに減数分裂して精細胞になっていきます。

卵の冷凍保存が近い将来にできる見込みは立っていませんが、精原細胞を冷凍するのは技術的にそれほど難しいものではありません。

●ヤマメがニジマスを生んだ!

将来精子になる細胞だけを保存しておいても、ベニザケを復活させることなんてできるのでしょうか? 精原細胞は、まだ減数分裂していないので、クローン技術で同じ個体を複製する? しかし、それではまったく同じ遺伝子を持ったオスの個体ができるだけで、遺伝子の多様性を再現することはできません。

この研究の「キモ」は、吉崎悟朗准教授らのチームが開発した技術にあります。2007年、米国科学雑誌「Science」に掲載された、ある論文が世界の生物学者、水産科学者を驚かせました。「ニジマスしか産まないヤマメ」を作ることに成功したというのです。

吉崎准教授は、ニジマスから採取した精原細胞をヤマメの稚魚に移植しました。育ったヤマメの稚魚は、オスなら精子、メスなら卵を作りますが、それらの遺伝子は100%ニジマスのもの。そして、ヤマメの精子と卵が受精することで、完全なニジマスが生まれることが確認されました。

つまり、精原細胞を保存しておけば、代理魚によってオリジナルの魚を生み出すことができるようになったのです。

●分化多能性を持った精原幹細胞

どうしてこのようなことが可能になるのでしょうか?

吉崎悟朗（よしざき ごろう）
1993年、東京水産大学大学院 水産学研究科博士後期課程修了（水産学博士）。テキサスエ科大学農学部博士研究員を経て、現在は東京海洋大学海洋科学部 海洋生物資源学科准教授。日本科学技術振興機構 戦略的創造研究推進事業SORST研究員併任。

その理由の1つは、幹細胞にあります。オスの精巣にある精原細胞の中にはわずかに「精原幹細胞」と呼ばれる細胞が含まれているのですが、いくつかの細胞に分化できる「分化多能性」を備えています。卵細胞になることすら可能なのです。ちなみに、メスの卵巣には将来的に卵になる卵原細胞が含まれていますが、やはり卵原幹細胞には分化多能性があり、オスに移植すれば精子になることがわかっています。しかし、精原細胞の数の方が卵原細胞よりもはるかに多いため、実験効率がよいのです◆。

取り出した精原細胞はヤマメの稚魚に移植されるのですが、稚魚はまだ免疫系が発達していないため、自分以外の細胞も受け入れます。ところが、稚魚は体が小さいため、精巣や卵巣に移植するのは技術的に極めて困難です。

では、どうするのでしょうか?

解決策は簡単なことで、稚魚の腹腔《ふっこう》に精原細胞を注射するだけでした。そうすると、精巣や卵巣まで、精原細胞はアメーバのように移動していくのです。

私たちに馴染みのある魚の卵巣といえば、タラコやカズノコですが、これらは薄皮で覆われています。卵がばらけないようにしているだけかと思いきや、実はこの薄皮は大きな役割を果たしており、卵の元になる細胞を卵巣まで導く、誘引物質を作っているのです。そのため、卵巣にピンポイントに精原細胞を入れる必要がありません。同様の現象は、オスの精巣でも起こっています。

●ヤマメを不妊にすることで、ニジマス100%を実現できた

ここまで読んで疑問に思われた方もいるでしょう。宿主となるヤマメ自身も精子や卵を作るのに、なぜ100%ニジマスになる

◆ 魚類ではオス・メスの性を決めるのは、性染色体とは限りません。しかし、哺乳動物では、XとYの性染色体で性が決定されます(オスはXY、メスはXX)。このため、哺乳動物では、卵原細胞が精子になることはありません。

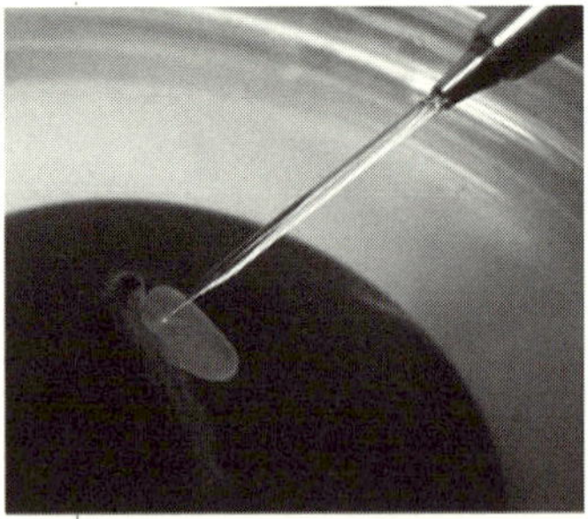

ニジマスのオスから採取した精原細胞を、オスやメスのヤマメ稚魚に移植する。

ヤマメの腹腔に移植された精原細胞は、卵巣に移動して卵として成長する。

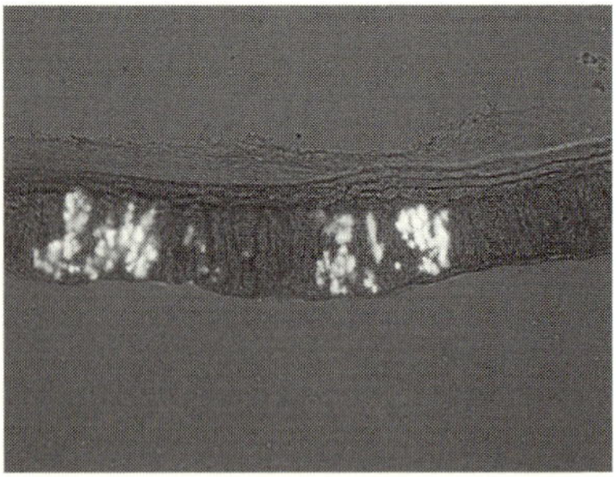

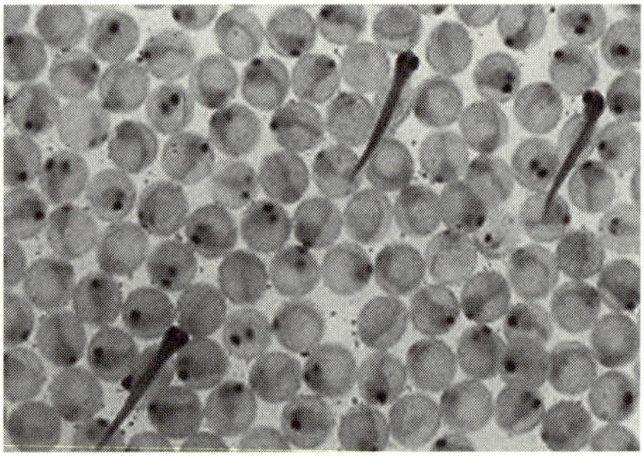

ニジマスの精原細胞を正常なヤマメ稚魚に移植した場合、ニジマスの卵や精子に加え、元のヤマメの卵や精子も作られる。ヤマメとニジマスの雑種は致死性となるため、ふ化しない。

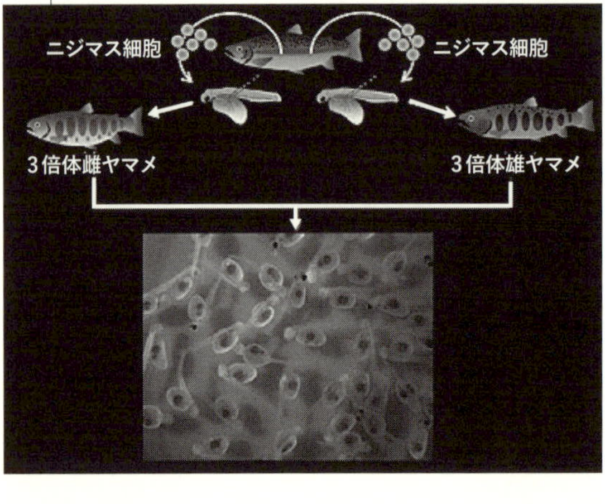

3倍体（3n）にした不妊ヤマメにニジマスの精原細胞を移植すると、ニジマスだけが生まれる。

のでしょうか?

実際、2004年の段階では、普通のヤマメ稚魚に精原細胞を移植していたため、ヤマメ自体の精子や卵も混じっていました。ヤマメとニジマスの雑種は致死性となるため、受精してもふ化はしません。

ここでのキーポイントになるのは、「3倍体」(3n)です。

私たち人間も含めて、有性生殖を行なう生物は両親から1セットずつ遺伝子を引き継いでいます。これを「2倍体」といいます。

吉崎准教授らは、ヤマメの受精卵を15分ほどぬるま湯につけることで、遺伝子がもう1セット増え、3倍体になることを確認しました。3倍体のヤマメは2倍体のヤマメと変わりませんが、生殖細胞を作る際の減数分裂が正常に行なわれないため、自身で精子や卵を作ることができません。しかし、精巣や卵巣自体は正常なため、ニジマスの精原細胞を受け入れて、ニジマスの精子や卵を作ることができます。

先に述べたレッドフィッシュレイクの実験では、仮にこの流域のベニザケが絶滅してしまっても、代理の魚で再生することを想定しています。いわば、生物種の絶滅を防ぐためのセーフティネットというわけです。

●マグロを産むサバを目指して

吉崎准教授らのグループが現在取り組んでいるのは、マグロをサバに産ませる研究です。ニジマスとヤマメで成功したのだから、これを別の魚に適応するのは簡単と思われるかもしれませんが、技術的な難易度がまったく異なってきます。

まず、サケやマスの稚魚は15ミリメートル程度と比較的大きいのですが、マグロ類は2.5ミリメートルと格段に小さいため移植作業が困難という問題があります。この問題については、注射針の形状や注射後のケアを工夫することで解決できました。

淡水魚と海水魚では飼育の難易度自体も異なり、海水魚を飼育するのは非常に困難です。海は広大なため何らかの環境の変化があっても、別のエリアに移動すればすみます。一方、河川や湖では水温を始めとして、環境が大幅に変化することが珍しくありません。そのため、淡水魚は海水魚に比べて強靱にできています。フナなら子どもでも飼えますが、海水魚、特に稚魚は水槽から水槽に移すだけで死んでしまうこともあります。

さて、精原細胞を移植する際の問題は解決できたのですが、問題は移植後です。ヤマメに移植したニジマスの精原細胞は、腹腔に移植した後、自ら精巣や卵巣に向かって動き出しました。ところが、マグロの精原細胞を比較的近縁のサバに移植しても、まったく動き出しませんでした。3年間を掛けて、1000尾単位で行なった移植実験はすべて失敗に終わってしまったのです。

実験を重ねるうちにある事実がわかってきました。それは、マグロとサバでは、精子や卵が成長する時の体温が異なるということ。サバの生殖細胞は20℃が適温なのに対し、マグロは25～28℃とか

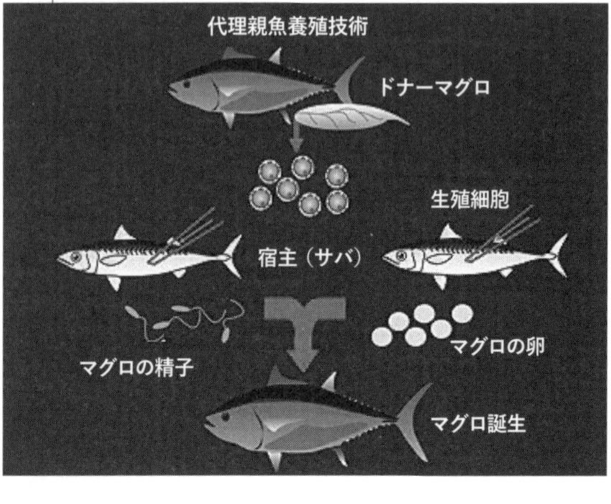

マグロから採取した生殖細胞を、オス・メスのサバに移植して、精子や卵を作らせる。

なり高いのです。サバの体内は、マグロの生殖細胞にとって冷たすぎるという推測がなされました。そこで、南洋で産卵するサバを使って移植実験を行なったところ、マグロの精原細胞が卵巣や精子に向かって動き出したことが確認されたそうです。

現在の課題は、サバの精巣や卵巣で、マグロの精原細胞が精子や卵に育つこと。そして、ヤマメと同様、不妊サバを作り出し、100%マグロが産まれるようにすること。マグロだけを産むサバができるまでに、7〜8年程度はかかると予想されています。

●遺伝的多様性を効率よく作り出す

この節の冒頭では、遺伝的多様性の重要性について説明しました。ところが、ここまでの説明では、1匹の魚の精原細胞を代理魚に移植して、精子や卵を作らせています。これだと、元の魚の遺伝子をベースにしていますから、遺伝的な多様性がありません。

「1匹の魚の」精原細胞を使うなら、その通り。

しかし、代理魚に移植する精原細胞は、何も1匹から採取したものでなくともよいのです。例えば、10匹のニジマスから採取した精原細胞を1匹のヤマメに移植することも可能です。移植された精原細胞は、10匹分の多彩な精子、あるいは卵へと育ちます。

このような措置を受けたヤマメから生まれる精子や卵を受精させるとどうなるのでしょうか?

10×10＝100。つまり、1匹のオス・1匹のメスが交尾するして生まれるよりも、100倍の多様性を生み出せることになります。

吉崎准教授らの研究の本質は、少ない数の代理魚を使って、多様性を再現できるということにあるのです。

●次世代漁業の形が見えてきた

この研究は商業ベースの漁業にも応用できると、吉崎准教授は語ります。可能性の1つは、魚の品種改良です。

例えば、サバにマグロを産ませる場合を考えてみます。マグロは卵を産めるようになるまで4〜6年を要します。品種が固定されるまでには10世代は必要なため、品種改良には数十年かかる計算です。

ところが、サバはわずか1年で成熟して精子や卵を作りますし、体がマグロよりずっと小さいため飼育コストも低くなります。さらに、1匹のサバに複数のマグロの精原細胞を移植することも可能です。

つまり、サバを代理魚として使うことにより、マグロの品種改良のスピードを圧倒的に上げられる可能性があるのです。

農業や酪農では、病気に強い品種や味のよい品種を作り出すことは当然になりました。将来、私たちは、ブランドを冠した品種改良マグロに舌鼓を打つことになるのかもしれません。

生物学は、「見る」から「作る」へ

●遺伝子組換え技術の限界

20世紀の後半から、生物のDNAを人工的に操作する遺伝子工学が急速な勢いで進歩しています。この章でも取り上げたように、放射線を使って突然変異を誘発する。バクテリアにクモの遺伝子を組み込んで、糸を作る。遺伝子組換え技術でバラにパンジーの遺伝子を導入して、青いバラを作る、などなど。

生物の遺伝情報は、DNAの塩基配列として刻まれています。この塩基配列を解析しようという試みが「ゲノムプロジェクト」。ゲノ

ムとは、生物が持っているすべての遺伝情報のことです。

20世紀末からさまざまな生物についてのゲノムプロジェクトが進行し、ヒト、つまり私たち人間についても2003年にはゲノムの解析が完了しています。数多くの動植物のゲノムが解析されたことで、遺伝子工学は飛躍的な進歩を続けています。

とはいっても、それは私たちが完全にゲノムに刻まれている情報を理解したということではありません。どの配列がどんな役割を果たすのか、その解明はこれからの研究成果を待つ必要があります。

先に述べたように、遺伝子組換えで新しい品種を作れるようにはなりましたが、いずれの場合でも、誕生するのは元の生物を品種改良したもの。パンジーの遺伝子を組み込まれたとはいっても、青いバラはやっぱりバラなのです。現在のところ、生命の設計図の全体像はまだ闇の中にあり、部分的に理解できた遺伝子をいじっているに過ぎないという見方もできます。

●長い遺伝子を合成できるようになった!

遺伝子工学の進歩によって、部分的な遺伝子を合成することはとても簡単になりました。短い遺伝子を合成して、大腸菌にそれを組み込むといった作業は、誰でもできるようになったといっても過言ではありません。

ところが、2002〜2003年頃から、新しいアプローチを取る生物学の分野が注目を集めるようになってきました。その分野は、「合成生物学」と呼ばれます。

これまでの生物学は、すでに存在する生物を調べ、その一部分を改良していました。これに対して、合成生物学では新しい生物のゲノムを一から設計することを目指します。

そのゴールに至るには、超えなければならない大きな壁が2つあります。1つは、どんな配列がどんな役割をしているか、まだ未知の部分があまりにも多いこと。設計図なしで家を建てることはできないわけで、だからこそ今まですでに建っている家を部分的に改良していたのです。

もう1つは、ゲノムを合成することができなかったこと。短い遺伝子を合成することは誰にでもできるようになったと述べましたが、遺伝子の総体であるゲノムは、生物から取り出した途端に壊れてしまっていました。

2005年、合成生物学に大きな転機が訪れます。慶應義塾大学先端生命科学研究所の板谷光泰教授のチームが、そして2008年にはJ・クレイグ・ヴェンター研究所が、バクテリアのゲノム合成にそれぞれ成功したのです。

J・クレイグ・ヴェンター研究所は酵母菌を、板谷教授のチームは枯草菌《こそうきん》をゲノム合成の仲介（ベクター）として使っています。

従来の遺伝子合成でベクターとして使われていたのは、大腸菌です。合成したい遺伝子を、大腸菌のプラスミドに接続して合成を行なっていたのです。プラスミドとは、ベクター自身のDNAとは別に細胞内に存在するDNAを指します。よく使われる大腸菌ですが、板谷教授らは大腸菌では長い遺伝子を支えきれないという結論を出していました。

板谷教授らは、大腸菌のプラスミドを使う代わりに、枯草菌自身のゲノムをベクターとして用いることにしました。具体的には、光合成を行なう微生物の一種、シアノバクテリアのゲノムを機能単位でバラバ

板谷光泰（いたや みつひろ）
東京大学理学部卒、博士号取得後米国留学。留学後は（株）三菱化学生命科学研究所で20年間基礎研究に従事。巨大DNAであるゲノムを操作する独自の手法を開発する。2006年、慶應義塾大学先端生命科学研究所に移籍。合成生物学の勃興とともに、合成ゲノム学の確立に奔走している。

ラにし、それを枯草菌に入れると、バラバラになった遺伝子がつながっていき、シアノバクテリアのゲノムが合成されたのです。

遺伝子が自動的に繋がっていくのはとても奇妙ですが、遺伝子を分割する際に「のりしろ」を作っておくことで実現できたといいます。遺伝子の1/10程度の長さだけ、重複する部分を作っておくと、その部分同士が連結器のようにつながるらしいのです。

シアノバクテリアのゲノムはバクテリアの中でも比較的大きいため、この技術を利用することでたいていのバクテリアについてはゲノムを合成できる目処が立ってきました。

●実際に作って役割を確かめる

繰り返しになりますが、ゲノムを合成できるようになったからといって、新しい生物を自在にデザインして生み出せるようになるわけではありません。ゲノム全体の設計図がどうなっているのか、ま

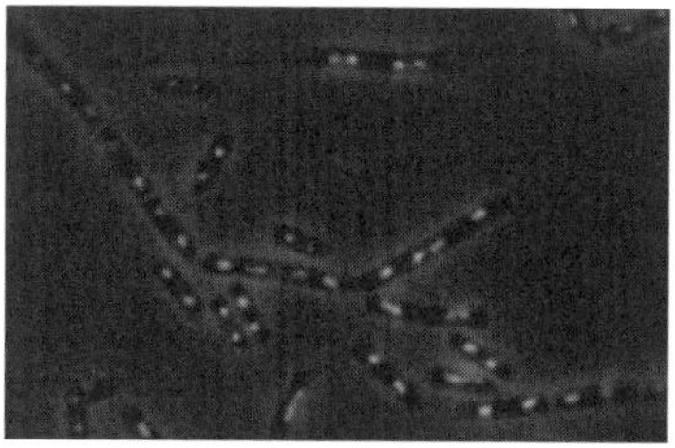

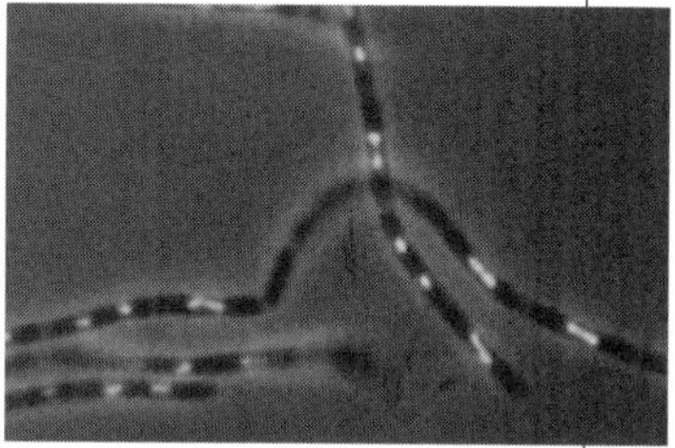

左が通常の枯草菌。右は、シアノバクテリアをつなげた枯草菌。右はシアノバクテリアゲノムがつながっている分、細胞が長く伸びているのがわかる。

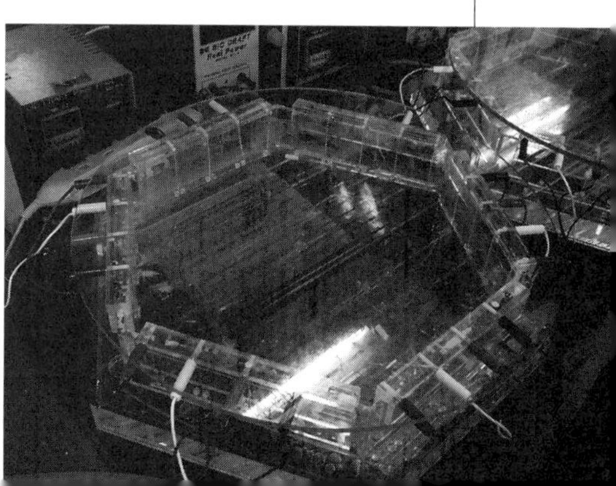

パルスフィールド電気泳動装置。電圧を左右交互にかけることで巨大なゲノムDNAを揺さぶり、大きさに従って分離解析する装置。この装置の発明なくして、ゲノム合成生物学の勃興はありえなかった。

だわかっていないからです。

そこで、板谷教授らは既存生物のゲノムを部分的に置き換える研究を進めています。取り組みの1つは、乳酸を作ることに特化したバクテリアの創成です。同じ先端生命科学研究所では中東憲治准教授のチームが細胞における乳酸の経路を研究しており、ここで得られた知見を新しいバクテリアのゲノムに組み込もうとしています。細胞内で乳酸が作られる経路はほとんどが明らかになっており、他の代謝系に比べて比較的単純であることから、候補に選ばれました。

従来であれば、大腸菌の遺伝子を組み換えて、乳酸を作らせていました。合成生物学的なアプローチでは、あるバクテリアのゲノムのうち、特定の部分を別のバクテリアの乳酸経路に丸ごと置き換えて、新しいバクテリアを作ることを目指します。

自然界に存在する生物は、多様な環境に適応できるように、冗長な遺伝子のセットを持っています。しかし、特定の培養条件下でのみ生きられればよいのであれば、大腸菌ゲノムの1/3程度ですむかもしれない。そう板谷教授は推測しています。

●有用な物質を作ることに特化したバクテリアを生み出せるかもしれない

従来の遺伝子工学的手法では、特定の遺伝子を削って、遺伝子の働きを確かめてきました。かなりの遺伝子を削っても生存自体には影響がないということもわかってきています。けれど、こうした研究

中東憲治（なかひがし けんじ）
京都大学大学院理学研究科卒。その後、明治乳業（株）、HSP研究所、京都大学、岡山県生物科学総合研究所、等。元来の専門は分子遺伝学。2005年より慶應義塾大学先端生命科学研究所。遺伝子の配列、タンパク質や代謝物質の合成、分解量、微生物のふるまいまで、さまざまな測定を行なって細胞というシステムがどういう原理で動くのかを理解しようとしている。

が進むにつれ、削るというアプローチにも限界が見え始めてきています。今後は、ある程度役割が解明された遺伝子のパーツをくみ上げて、新しいバクテリアを作って確かめた方が研究効率を上げられる可能性も高まってきました。

微生物を使って、乳酸を始めとした有用物質を作り出す手法はすでに実用化されていますが、特定の物質を作ることに特化したバクテリアを設計できれば、生産効率が飛躍的に高まることも期待できます。

一からゲノムを合成して、まったく新しい生物を生み出せるようになるまでにはまだまだ研究課題も多いですし、「生命とはなんぞや」という倫理的な議論も高まってくるかもしれません。しかし、いずれにせよ、遺伝子の一括合成技術によって、生物学が新しいステージに突入したことは間違いないようです。

Chapter 06

環境に優しい謎の物質たち

石油から合成樹脂が作られたのと同じくらい衝撃的な変化が、
材料の分野で起こりつつあります。
98%は水でできているのに、こんにゃくの数百倍も丈夫な「アクアマテリアル」。
鋼鉄以上の強靭さを誇るクモの糸を人工的に合成した繊維。
光を当てると自在に曲がり、
人間の筋細胞以上の力を発揮できるプラスチックフィルムなどなど。
バイオ技術や高分子工学の進歩によって、
従来は想像もできなかった新物質が登場してきているのです。
環境負荷も低いこれらの物質は、
私たちの生活をいったいどんな風に変えていくのでしょうか。

98%が水でできたスーパー「こんにゃく」

●どうして石油からプラスチックを作ることができるの?

新素材の話に入る前に、ちょっと身の回りを見渡してみてください。あなたの身の回りにあるモノは、何でできていますか?　紙や金属、ガラスはもちろんですが、携帯電話や文房具、電子機器の筐体まで、かなりのモノがプラスチックでできていることに気づくと思います。プラスチック製品は、樹脂を金型に流し込めば、まるで鯛焼きを作るようにバンバン同じモノを量産できます。大量生産・大量消費にはまことに最適な素材です。軽くて丈夫、腐蝕しにくくて、その上安いというわけで、あっという間に素材の代表選手になりました。

また、着ている衣服にナイロンやポリエステルといった化学繊維がまったく使われていないという人もまずいないでしょう。今ではありふれたナイロンも、1930年代に発明された当時は夢の新素材、「鋼鉄より強く、クモの糸より細い」をキャッチフレーズにしていたのです。こうした夢の素材も今や当たり前になり、プラスチックや化学繊維のない生活は考えられなくなりました。

ご存じの通り、プラスチックや化学繊維は、石油や石炭から作られています。エネルギー源としてだけではなく、素材の原料として化石燃料を使うのは、私たちにとっての常識です。

では、どうして石油からプラスチックを作るのでしょうか?

ポイントは、プラスチックなどの合成樹脂や化学繊維が「有機高分子」であるということです。「有機」という言葉は、「有機野菜」やら「有機納豆」にも使われていますが、ここでの意味は「炭素を含む化合物」ということです。これだけだと何のことかよくわかりませんね。どうして炭素を含んでいることがそんなに重要なんでしょう?

それは、炭素がとても不思議な性質を持っているからです。物質を構成している原子は他の原子と結びつくための「腕」を持っており、これによって化合物が作られます。炭素の場合、他の原子と結びつく腕を4つも持っているため、同時に4つの原子と結びつくことができます。炭素同士、二重や三重にがっちりと結びつくこともあります。酸素や水素、窒素といった原子と次々に結びついて「分子」を作り、その分子がさらに鎖のように次々と連なって、複雑な構造を持った「高分子」を作る、こういうことができるのは炭素ならでは。さまざまな原子が結びついた高分子はユニークな性質を持ち、その組み合わせはまさに無限です。「有機化学」という分野は、炭素化合物をいかに組み合わせていくかをテーマにしているといえます。ちなみに、二酸化炭素のように簡単な炭素化合物は、有機ではなく、「無機化合物」として扱われます。

では、どうして有機化合物を作るために化石燃料が使われるのでしょう?　石炭や石油、あるいは天然ガスといった化石燃料の本質は、炭化水素にあります。炭化水素とは、炭素と水素からなる有機化合物のことをいいます。例えば、一番簡単な構造を持った炭化水素はメタンで、これは炭素に4つの水素原子がくっついたものです。

化石燃料から炭化水素を取りだして、それに酸素や窒素等の原子をくっつける。そして、いろんな性質を持った素材を作り出す。これが石油化学ということになります。炭化水素は合成することもできますが、そのためにはエネルギーをつぎ込む必要があるから本末転倒。もうちょっと話を広げるなら、すでに自然界に存在する炭化水素を低コストで取り出し、エネルギーや工業原料として利用しているのが、私たちの現代文明というわけです。

さて、素材に話を戻しますと、プラスチックや化学繊維が夢の材質でないことはこれまたご存じの通りです。プラスチックは腐蝕しない丈夫さがウリの1つですが、この長所は裏を返せば、ゴミとして廃棄された後にも分解されずに残り続けるということでもあります。

●水を原料にした素材が盛り上がってきた

近年では、微生物によって分解される生分解性プラスチックも登場して少しずつ普及し始めていますが、まだ高価ですし、耐久性が劣るという欠点もあります。

これに対して、有機化合物「ではない」物質を原料にした素材が登場してきました。

有機化合物ではない、新しい原料というのは何と「水」。石油の代わりに、水で素材を作ろうというのです。

水でいったい何が作れるのかと思われるかもしれませんが、私たちの身近には水が主成分の素材はあるもので、ゼリーやこんにゃくなんかはその代表例です。これらの物質はほとんどが水でできていますが、その中に含まれている特定の分子がネットワークを作って水をねばーっと固めています。こういう物質のことを「ゲル」といい、特に水を主成分とした高分子材料を「ヒドロゲル」といいます。

ほとんどが水でできているということは、環境にも負荷をかけずにいいことだらけのようですが、それだったらもっとあちらこちらで使われててもよさそうですね。しかし、実際のところ、ヒドロゲルの用途はごく限られていて、科学・医療分野なら細胞を培養するための培地とか治療用パッド、あとはお菓子のグミといったところでしょう。

なぜヒドロゲルが使われていないかといえば、とにかく脆いという欠点があるからです。壁がこんにゃくでできた家には、住みたくないですよね。

なぜヒドロゲルは脆いのでしょうか？　それは、ヒドロゲル内の原子が「水素結合」というやり方で結びついているからです。先ほど、有機化合物を作る炭素のことを説明しましたが、この炭素の結合は原子同士がお互いの電子を共有する「共有結合」で、とても結合力が強いのです。これに比べると水素結合はずっと弱くて、「水素結合で丈夫な素材なんか作れっこないよ」というのが、材料工学の常識でした。

強度の高いヒドロゲルもありますが、そういうものは水分が90%以下で、有機物を多く含んでいます。さらに、専門家が1～2日かけて作る必要があるため、大量生産することはできません。

●水に粉末を混ぜて、振動させれば「アクアマテリアル」の出来上がり

ところが、東京大学大学院工学系研究科の相田卓三教授の研究

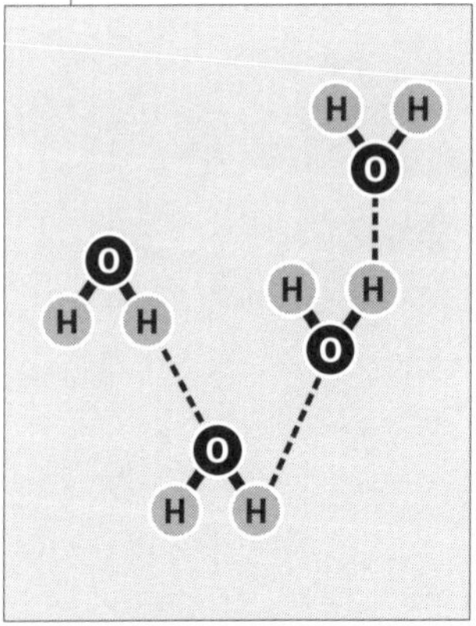

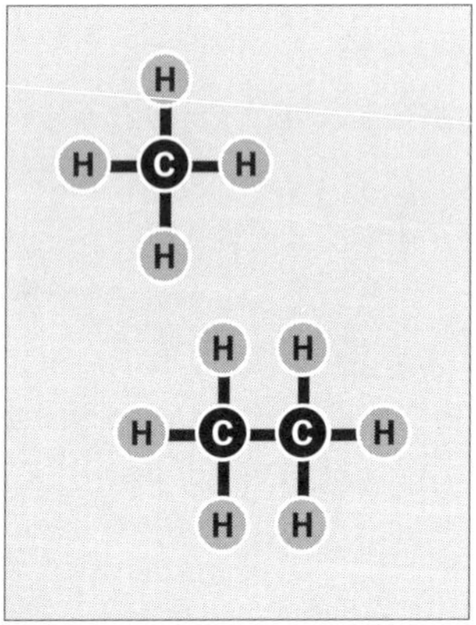

水中の水素結合の例。水分子同士は水素結合で緩やかに結びついている（左）。一方、有機化合物は炭素を中心にさまざまな原子ががっちりと結びついている（右）。

相田研究室が開発した「アクアマテリアル」は、95〜98%が「水」でできた、透明な物質だ。

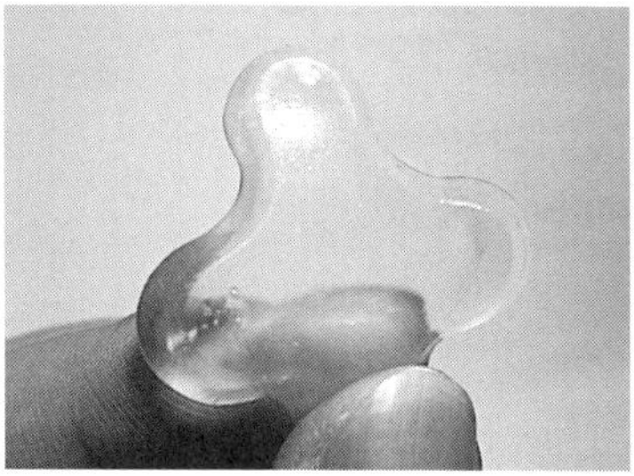

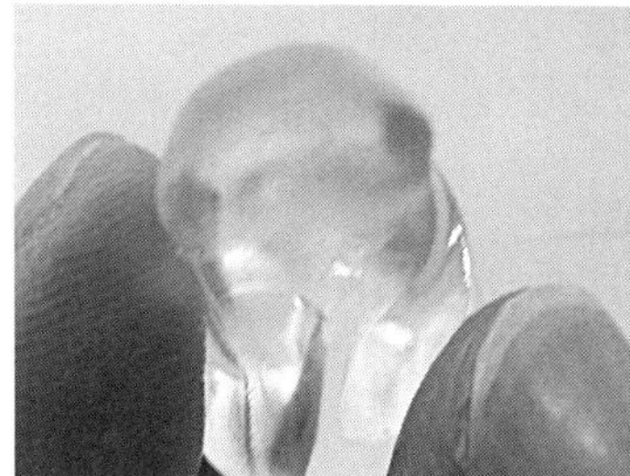

指で押しつぶしても、すぐ元の形に戻る。

グループが開発した「アクアマテリアル」はこの常識をひっくり返してしまいました。

アクアマテリアルは、95〜98%以上が水でできており、透き通っています。こんにゃくは96〜97%が水ですから、だいたい同じくらい。それなのに、アクアマテリアルはこんにゃくの500倍の強度があるといいます。こんにゃく基準だと何だかわかったようなわからないような気がしますが、つまり引っ張って切るのに必要な力がこんにゃくの500倍ということです。

しかも驚かされるのが、アクアマテリアルの製造方法です。

水の入ったビーカーの中に、何やら白い粉を入れると白く濁ってきます。さらに別の白い粉を入れると、今度は水が澄んできます。そこへスポイトで一滴、ある液体を垂らす。これで準備は

相田卓三（あいだ たくぞう）
1956年生まれ。東京大学大学院工学系研究科教授。79年、横浜国立大学卒業後、東京大学工学部で物理化学博士号を取得。現在は、「無機多孔質材料を用いた高分子合成反応の制御」、「デンドリマー型高分子化合物の光・超分子化学」、「メゾスケールの材料化学」「生体関連分子による分子認識と触媒機能」を主なテーマとする。2009年には理化学研究所でもグループを運営し、グループディレクターとして活躍している。

完了です。

振動装置にこのビーカーを載せて、数秒間揺らせば、もうアクアマテリアルの出来上がり。ビーカーから取り出されたアクアマテリアルは、指で押しつぶしてもすぐ元に戻りますし、引っ張ってもちょっとやそっとでは切ることができません。

●家の中をびしょびしょにしない消火剤として

それにしても、ほとんど水でできたこの新素材。いったい何の役に立つというのでしょうか?

アクアマテリアルの可能性は、水の可能性そのもの。あまりにも当たり前すぎてなかなか気づきませんが、水は実にユニークな物質です。

まず、物理的な性質でいえば、比熱が極めて大きい。要するに、暖まりにくく、冷めにくい物質の代表が水です。だからこそ、火事の時には水を使って消火活動を行なうのです(一般の消火器は水ではなく、泡で酸素を遮ってモノが燃えないようにします)。

相田教授らが考えているアクアマテリアルの応用例の1つは、まさにこの水の性質を利用して、消火剤として使おうというのです。現在の消火活動では、すごい量の放水を一挙に行なっています。その結果、火を消し止めることができても、家の中はびしょびしょ。電子機器も使い物にならなくなってしまいます。

では、消火剤としてアクアマテリアルを使ったらどうなるのでしょう? 薄いシート状にしたアクアマテリアルを、わさっと火元にかぶせるようにします。すると、火元の温度が一気に下がり、火を消し止められます。しかも、シート状なら酸素を遮断することもできるため、普通に液体の水をかけるより効果的に火を消し止められるのです。実際にアクアマテリアルをバーナーの火であぶってみると、表面にススが付いて、中ではぷくぷくと泡も出てきますが、燃え上がったりしませんし、強度もそのまま維持されています。

9割以上は水ですし、水以外のごくわずかな材料にも毒性はありませんから、これまで消火活動ができなかった、あるいは行ないにくかった場所でも安全に使えるそうです。もちろん、有毒ガスが出る心配もありません。

水でありながら、貯蔵タンクが必要ないというのも面白いところでしょう。シート状のアクアマテリアルをロッカーや天井にしまい込んでおくという使い方もできるかもしれませんね。

●人工臓器に一歩近づく?

水のもう1つの特徴は、その化学的特性です。地球上に存在するあらゆる生命にとって重要な反応は、ほとんどが水中で行なわれます。消化や呼吸などなど、私たちの生命活動は水がなかったら何一つ進みません。

本来なら液体の水で起こる反応を、固体状の物質で再現できるのがアクアマテリアルの面白いところです。これによって、バイオテクノロジーの分野で今までできなかったユニークな研究が可能になると期待されています。例えば、相田研究室で進めている応用例の1つが、酵素反応です。

生体内では、多種多様な化学反応が常に起こっていますが、この触媒となるのが酵素です。原料となる特定の化合物（これを基質といいます）を取り込み、酵素の作用で別の物質へと変化させる。できた物質も別の酵素の作用で、さらに別の物質へ。絶え間なく続く、化学反応の連鎖こそが生命活動であるという見方もできるかもしれません。酵素が関わる代表的な工程としては体内で行なわれている「代謝」があります。食べ物のデンプンは唾液に含まれるアミラーゼという酵素でマルトースなどに分解され、最終的にエネルギーを取り出すという具合です。

では、アクアマテリアルを酵素反応に使うと何がよいのか?

複雑な酵素反応を、人工的に再現することに一歩近づけるかもしれません。一般的に酵素反応は水中で起こりますから、実験ではAという酵素を含む溶液に基質を入れ、その結果できた生成物をBという酵素を含む溶液に入れ……というように、何段階にもわけて実験を行なっていきます。アクアマテリアルを使うことで、こうした実験が圧倒的に効率化できる可能性があります。

アクアマテリアルの面白い特性として、切ったばかりの切り口同士をくっつけると融合して1つになることが挙げられます。酵素Aを溶かし込んだ溶液でアクアマテリアルを作り、同様にして酵素Bのアクアマテリアルを用意。こうして作った複数のアクアマテリアルを切って、貼り付けると、あら不思議。別々に作ったにもかかわらず、完全に融合して1つの塊になるのです。しかも、それぞれのアクアマテリアルに含まれている酵素が混じり合うこともありません。酵素Aからの生成物は、隣のアクアマテリアルに広がり、そこで酵素Bの働きで別の生成物に変わる。こうした連続的な反応を実現できるというわけです。

アクアマテリアルは寒天などと違い、作る際に熱を加える必要が

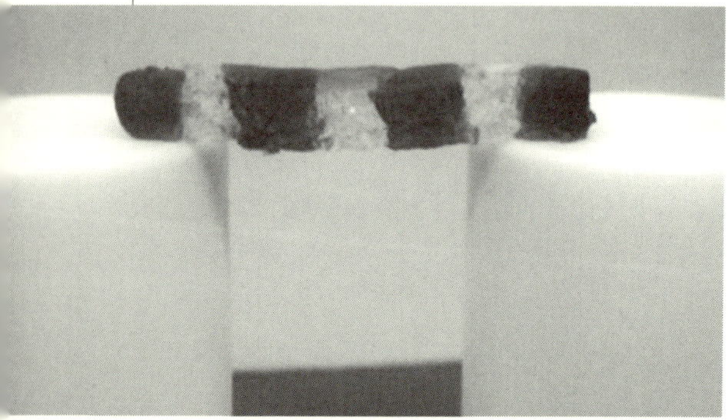

色素で染色したアクアマテリアルを切ってつないだところ。ちなみに、アクアマテリアルは非常に切りにくい「ういろう」のようなもので、刃物にへばりついてくる。

ありません。タンパク質でできている酵素は高熱を加えると壊れてしまいますから、その点でもメリットは大きいのですね。

相田教授らの実験によれば、アクアマテリアル内でも酵素反応は7割程度維持できているということで、これはかなり良好な結果だといえます。アクアマテリアルは透明ですから、基質が反応する過程も観察しやすいですし、人工臓器への重要な架け橋となるかもしれません。

人工臓器は未来の話にしても、医療用としてなら比較的スムーズに活用できそうです。今までにも患部を保護するためにゲル状の物質は使われてきましたが、多くのものは工場で作って、現場に送られていました。ところが、アクアマテリアルなら、必要なのはごく微量の「粉」とあとはただの水（水道水でもOK）です。粉末にしておけば、保管場所もとりません。患者の治療に当たっている現場の医師が、適切なサイズ、適切な形のアクアマテリアルをその場で作ることだって可能でしょう。

現在、相田研究室は民間企業と協力して、事業化の可能性を模索しているとのこと。さらに少ない粉末でもアクアマテリアルを作れるよう改良を進めており、1キログラムの水を0.1グラムの粉末で固められるようにすることを当面の目標にしています。

●偶然から生まれたアクアマテリアル

夢をかき立てられるアクアマテリアルですが、相田研究室では最初からこのような物質を目指して研究を行なっていたわけではないそうです。元々作ろうとしていたのは、タンパク質同士を結びつけるための物質でした。異なる性質を持ったタンパク質同士をくっつけたり、タンパク質に新たな機能を付加することのできる物質を開発していました。

中心になって研究を行なっていたQuigan Wang氏は、この物質の溶液をビーカーに入れておくと、なぜかいつの間にか量が減ってしまうことに気づきました。溶液が蒸発しているのではなく、溶液から物質がなくなって濃度が低くなっているのです。理論的に、この物質は簡単に分解するはずがないのに。研究室メンバーの1人は、この物質がビーカーのガラス壁に付着していることを発見しました。

ガラスの主成分は二酸化ケイ素（SiO_2）なのですが、表面の構造がタンパク質とよく似ていて、水素結合によってくっつくらしいのです。二酸化ケイ素は、砂や粘土にも多く含まれています。ならば、開発していた物質の腕を2本に増やせば、粘土の粒子をネットワークでつなぎ、「水を固められる」かもしれない。この発想がアクアマテリアルの原点となりました。

先述したアクアマテリアルの作り方では、最初に白い粉を入れて水を濁らせていましたが、あれは工業用のドライ粘土です。ドライ粘土を溶かした水に「2本腕」の物質を入れると、確かにそこそこ水を固めることはできたのですが、強度的にはそれほど大したこともない、イマイチなものしかできませんでした。

粘土の粒子は、直径が25ナノメートル（1ナノメートルは、100万分の1ミリメートル）、厚さ0.5ナノメートルの、1円玉のように薄い円盤状になっています。ポイントは、円盤の表面に陰イオンが付いていてマイナスの電荷、円盤の縁は陽イオンでプラスの電荷を持っているということ。溶液中に粘土のナノ粒子を入れると、円盤同士の表面と縁がかなり強く結びついて塊になっていました。最初に白い粉末を入れた時に水が濁ったのはこういうわけです。

では、粘土のナノ粒子をバラバラにできればいいのではないか? そのために、利用されることになったのがポリアクリル酸ナトリウム（ASAP）です。この物質は、吸水性高分子で紙おむつなどにもよく使われているもので、水のない状態ではやはり白い粉末状になっています。これが、2番目に入れた粉末です。

ドライ粘土で濁った水にポリアクリル酸ナトリウムを入れると、高分子の長い鎖が粘土の粒子にくるりと巻き付くんですね。そうなると、粘土の粒子は反発し合ってばらけることになります。2番目の粉末を入れると、水が透き通ったのはこういうわけです。

この状態になったところで、研究を続けてきた新物質「G3-Binder」を垂らして揺らせば、粘土のナノ粒子がネットワーク構造を作って、水が固まるというわけです。

●ヤモリの足のように粘土の粒子にくっつく

G3-Binderは蝶ネクタイのように広がる、とても複雑な分子です。中心部分はシャンプーなどにも使われるポリエチレングリコールと同じ構造ですが、その周りに枝のように広がる構造を相田研究室で独自に開発しました。

端っこの部分が粘土のナノ粒子にくっつくわけなんですが、これは結びつきがあまり強くない水素結合です。しかし、G3-Binderは、まるでヤモリの足のように、何本もの指で粘土のナノ粒子とくっつくことで、水素結合でありながら高い強度を実現しました。仮に1つの指でのくっつきが弱くても、何本かまとまればかなりの力になる。しかも、すべての指が離れて、ようやく引きはがせる……。これがアクアマテリアルの強度の秘密だったのです。

現在のアクアマテリアルは、強い酸やアルカリ溶液に浸けておくと、数十時間程度で分解します。また、地面に捨てれば自然に分解されて吸収されますから、環境負荷の点からも安心です。なお、アクアマテリアルはそのままの状態で置いておくと、少しずつ水分が蒸発するそうですが、コーティング処理を施すことで対応できるとのこと。また、地面に捨てれば自然に分解するといいましたが、あえて分解しない構造にすることも可能なのだそうです。

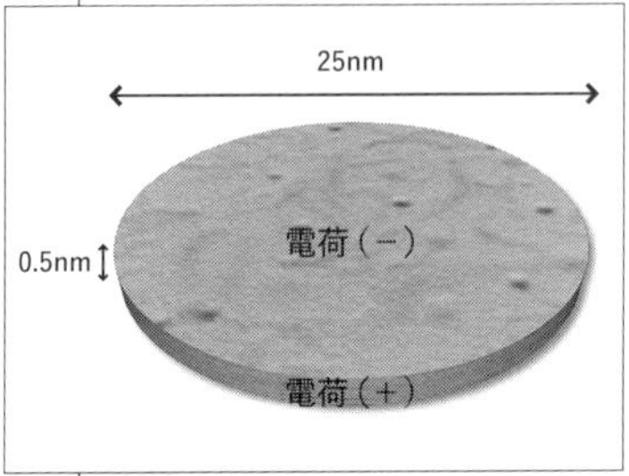

粘土のナノ粒子は、図のような円盤状をしており、縁はプラスの電荷を帯びている。

G3-Binderの構造図。両端にある「指」が粘土のナノ粒子同士を結びつけてネットワーク化する。

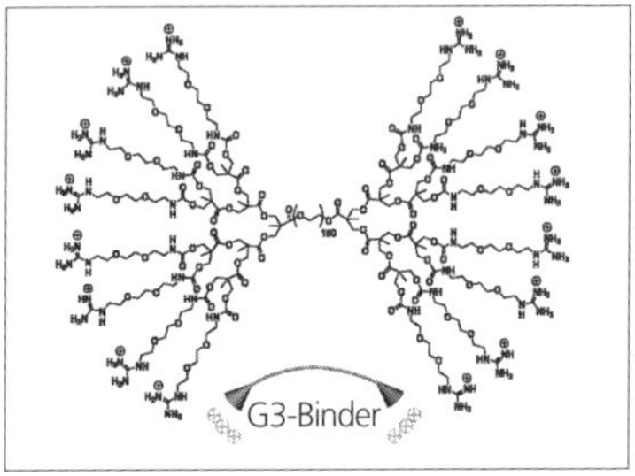

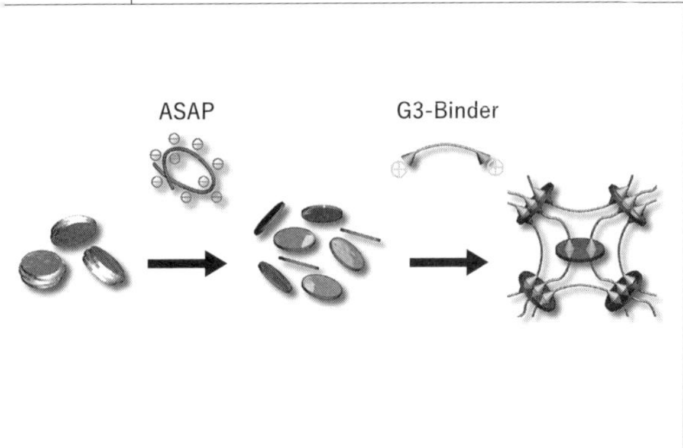

アクアマテリアルの製造過程。まず粘土を水に入れる（左）。この段階では、粘土のナノ粒子同士がくっついているため、水は濁っている。ここにASAPを入れると、ASAPが粘土ナノ粒子の縁に巻き付く（中）。粒子がバラバラになるため、水が澄んでくる。さらに、G3-Binderを微量投入して振動させると、粘土ナノ粒子がネットワーク構造を作ってアクアマテリアルとなる（右）。

鉄より強いクモの糸を合成する

●ジェット機も受け止められるクモの糸

古代より、人間は「虫」たちを自分たちの生活に役立ててきました。その代表は絹でしょう。中国では紀元前3000年には、すでに絹織物が生産されていました。カイコの繭が優れた繊維であることを知った人間は、カイコの幼虫にクワの葉を与えて飼育し、繭から生糸を取り出すようになったのです。カイコの繭から取れる絹糸は、軽くて丈夫、しかも美しい光沢がありますから、大変に珍重されることになりました。

さて、カイコ以外にも糸を出す虫はいます。そう、クモですね。クモといえば放射状に張られた巣を思い浮かべますが、巣を張らないクモであっても糸を出します。

カイコの糸なら絹になれど、クモの糸は何に使えるのでしょう? 長いこと掃除をしていない物置に入ると、クモの巣が顔に張り付いてぎょっとしたりしますけど、こんなものが何かの役に立つのでしょうか?

近年になってクモの糸のすごさが明らかになってきました。

何と、同じ太さならクモの糸の強度は、鋼鉄の5倍でなおかつナイロンの2倍もの伸縮率。クモの糸の太さは約5マイクロメートルですが（人間の髪の毛は80マイクロメートル）、これで数グラムの重りをつり下げられる物もあります。直径1センチメートルのクモ糸でネットを作れば、理論的にはジャンボジェット機だって受け止められるという話もあります。

●クモを飼うのは一筋「糸」とはいかない

こんなにすごい糸なら、さっさと「クモ牧場」でも作って絹みたいに大量生産すれば、大儲けできそうな気がしますね。しかし、そう簡単にはいきません。

おとなしくクワの葉をむしゃむしゃ食べているだけのカイコと違って、クモは基本的に肉食です。それだけならまだしも、クモは共食いをする性質があります。ある程度以上のクモを一箇所に閉じ込めるとすぐに共食いを始めてしまうのです。自分以外はすべてエサ。親兄弟もエサです。

さらにクモの糸を取り出すのが、カイコよりはるかに難しい。カイコの糸もクモの糸も、主成分はフィブロインというタンパク質。しかし、カイコが作る糸は1種類なのですが、クモの糸は実に種類が豊富です。一口にクモの糸といいますが、例えばクモの巣で使われているのは、巣の骨格を作っている縦糸に、粘着性があって獲物を捕らえる横糸、巣を囲む枠糸、巣と木を結ぶ繋留糸、そしてクモが自分の体をぶら下げるのに使う牽引糸の5種類があるのです。

クモの体内には、絹糸腺《けんしせん》という糸を作り出す器官があり、ここから微妙に組成が異なるタンパク質が分泌されて、異なった種類の糸を作り出します。

クモの糸のうち一番丈夫なのは、体をつり下げるのに使われる牽引糸なのですが、これだけを取り出すのは相当の技術が必要になります。「クモから取った糸にぶら下がる」という快挙を成し遂げた大崎茂芳博士は、『クモの糸の秘密』（岩波ジュニア新書）の中で、学生達に「クモの気持ちになって糸を取るように」伝えたと記しています。

2009年11月にはクモの糸から取った織物がニューヨークのアメリカ自然史博物館で展示されました。この織物は、約3.4メートル×1.2メートルのサイズでしたが、制作期間は4年、クモを集める作業に70人、それ以外に12人の人員を必要としたそうです。

●どうしてクモの糸は強靭なのか?

それにしてもクモの糸はどうして強靭なのでしょう? それは、クモの糸の主成分であるタンパク質、フィブロインの構造によるところが大きいようです。

ナイロン繊維を分子レベルで観察すると、結晶化している領域と非結晶の領域があることがわかります。結晶化している部分が結合し、その隙間を非結晶状態の分子が埋めているのです。

フィブロインの場合は、規則的にアミノ酸が配列された部分と非結晶の部分が、1個の分子の中で交互に現れます。あるフィブロイン分子の結晶部分は、別のフィブロイン分子の結晶部分とがっちり結合し、非結晶部分は絡まり合うという、一種の複合材になっているわけです。このような構造であるため、繊維に裂け目が入ってもそれが全体に広がることはありませんし、しかも絡まり合った非結晶部分によって高い靭性（粘り強さ）も実現されています。

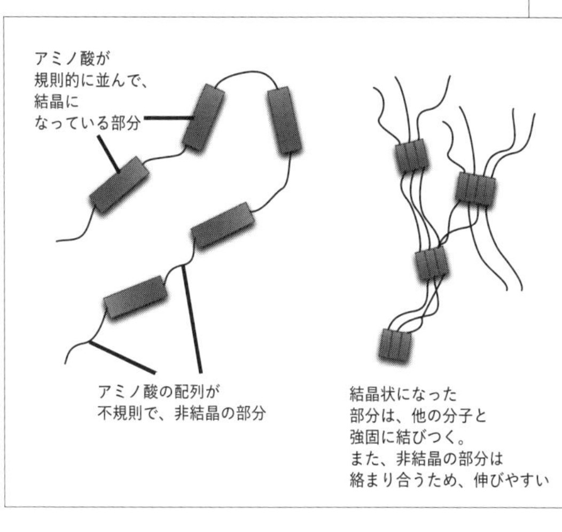
アミノ酸が
規則的に並んで、
結晶に
なっている部分
アミノ酸の配列が
不規則で、非結晶の部分
結晶状になった
部分は、他の分子と
強固に結びつく。
また、非結晶の部分は
絡まり合うため、伸びやすい

クモの糸を構成するフィブロイン分子の構造。アミノ酸が規則的に並んだ部分と、不規則な部分が交互に現れる。

●人工的にクモの糸を作り出す試み

さて、飼えないのなら作ってしまえということで、これまでにもさまざまな研究者や企業がクモの糸を人工的に合成する方法に挑戦してきました。クモの糸は、フィブロインというタンパク質でできているということは、先に述べましたが、このタンパク質を作る遺伝子を、クモ以外の生物に組み込むことで糸を作らせようというのです。

別の生物にタンパク質を作らせると聞くと、何だかぎょっとするかもしれませんが、あらゆる生物の体はタンパク質からできています。私たち人間の筋肉や内臓、眼球、爪だって、みなタンパク質です。

生物の設計図である遺伝子は、DNAという化学物質に保存されています。ここに書き込まれているのは、いってみれば、どんなタンパク質を作るのかというレシピです。ある生物の遺伝子を取り出して別の生物に入れ込むことができれば、「理論上は」どんなタンパク質だって自在に作れることになります。

人工クモの糸の研究で有名なのは、カナダのネクシア・バイオテクノロジーズ社の取り組みでしょう。同社は、糸を作る遺伝子をクモから取り出し、それをヤギの乳腺に組み込みました。ヤギの乳を搾ってそこからクモの糸のタンパク質を抽出して、繊維化しようともくろんだのです。しかし、ヤギのような高等生物を使う方法では、どうしても高コストになってしまいます。

では、より原始的な微生物に遺伝子を組み込んではどうか。遺伝子組み換えの研究においてよく用いられるのが、大腸菌です。その名の通り、ほ乳類などの大腸などに生息していて、病原性を持つものもあります（食中毒事件の原因となったO157が有名ですね）。

この大腸菌を使ってクモの糸のタンパク質を合成する試みも進

んでいますが、現在のところ成功していません。大腸菌は、バクテリア（真正細菌）に属している「原核生物」。これに対して、動物だとか植物、あるいはカビなどの菌類などは「真核生物」です。原核生物と真核生物の違いは、細胞の中に細胞核を持つかどうかです。原核生物は細胞核を持たず、内部の構造も真核生物よりずっと単純です。クモの糸のタンパク質を作らせるには、大腸菌は単純すぎました。

高等生物を使うと高コスト、微生物では安定的にタンパク質を作れない。そして、いずれの方法でも、クモの糸と同等の性能も達成できていません。仮にスーパー繊維といわれるアラミド繊維並みの靭性を実現できても、価格が高すぎては意味がなく、最低でもキログラム当たり数千円程度にはコストを下げる必要があります。

●慶應発のベンチャー企業が人工クモの糸に一歩近づいた

慶應義塾大学の環境情報学部で学んでいた関山和秀氏が、人工クモの糸に取り組み始めたのは2005年、4年生の時でした。クモの糸の可能性に気づいた関山氏は、「あるバクテリア」にクモの遺伝子を移植して、タンパク質を生成させることに成功します。これがどういうバクテリアかについては企業秘密ということでしたが、従来の手法よりも圧倒的に低コストでタンパク質を作れる目処が立ち、2007年には慶應義塾大学のベンチャー支援を受けてスパイバー社を起業しました。

クモの糸とほぼ同等のフィブロインを生

関山和秀（せきやま かずひで）
2005年、慶應義塾大学環境情報学部卒、。07年、同大政策・メディア研究課修士課程修了。同大冨田研究室にて04年9月にスパイバープロジェクトを立ちあげ、プロジェクトリーダーを務める。博士課程在学中の07年9月にスパイバー株式会社を設立、代表取締役社長に就任。事業専念のため、10年3月に博士課程を中退し、現在に至る。

成する目処は立ったのですが、もう一つの問題は紡糸法でした。化学繊維ではどろどろに融けた状態の原料を固めて、分子をきれいに並べる工程が必要になり、メーカーはそれぞれが独自の紡糸ノウハウを持っています。ところが、スパイバーが研究を進めるにつれ、タンパク質でできたクモの糸には従来の紡糸法をそのまま適用することができないことがわかってきました。そのため紡糸法自体もスパイバーが手がけることになりました。

スパイバーでは遺伝子ライブラリの構築を進めており、現在は数十種類、将来的には1000種類の配列を収録することを目指しています。このライブラリによって、最適なタンパク質のブレンドと紡糸法の組み合わせを見つけやすくなることが期待されます。

関山氏によれば、スパイバーの人工糸はすでに天然の糸の強度まであと一歩のところまで来ており、天然糸を超えるのも遠くはないとのこと。2011年末には、小規模生産ラインの稼働が始まる予定です。

●顧客の要望に応じた糸を設計するというビジネスモデル

クモの糸はいったいどんな使われ方をするのでしょうか?

スパイバー社が開発した、人工「クモの糸」。

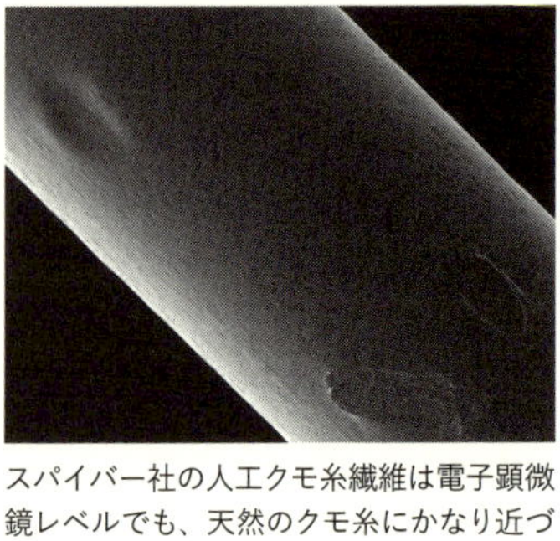

スパイバー社の人工クモ糸繊維は電子顕微鏡レベルでも、天然のクモ糸にかなり近づいている。伸度や弾性率についてはすでに天然の糸を超える特性を持った繊維の合成に成功しているという。

比較的早くに実用化が期待されているのが、樹脂やゴムの補強材としての利用です。

電子機器などの筐体に使われるプラスチックに、人工クモの糸を混ぜることで、重量を増やすことなく、強度を高めることが可能になります。また、この節の冒頭では生分解性プラスチックは強度に問題があることを指摘しましたが、クモの糸を混ぜることで低環境負荷の利点を生かしつつ、強度の問題も解決できるようになるのです。人工クモの糸は、タンパク質の構造を調整することで、土に埋めれば自然に分解されるようにすることができます。クモの糸は軽い上に、難燃性、つまり燃えにくいという性質もあるため、飛行機などに応用することも検討され始めています。

また、タンパク質から合成される繊維であるということが、将来的には繊維産業のあり方を変えていく可能性もあります。従来の繊維メーカーは新しい繊維を開発すると、さまざまな企業にその繊維を使ってもらい、用途を考えてもらっていました。つまり、繊維が先にありきだったのです。しかし、人工クモの糸は、20種類のアミノ酸の配列を変えることで、強度や伸縮性、生分解性といった性質を自由に調節することができます。つまり、「こういう繊維が欲しい」というクライアント企業からの要望に応じて、最適な繊維を作り出すというビジネスモデルが成立するようになるかもしれません。

光を当てれば回り出す、光プラスチックモーター

●フィルムに光を当てるだけで、モーターが回転を始めた

新素材によって、これまで存在していたモノの性能が飛躍的に高まったり、新しい可能性が開けることは少なくありません。ナイ

ロンやプラスチックがもたらした革命は、そうしたものでした。

その一方で新素材は、従来にはまったく存在もしなかったモノを生み出すことがあります。

東京工業大学資源化学研究所池田研究室で起こっていたのは、実に不思議な光景でした。

大きさの異なる2つのプーリー（滑車）が装置にセットされています。大きい方の滑車は直径が1センチメートル程度。2つのプーリーには、薄いフィルム状のベルトが掛けられています。動力装置は、一切付いていません。

1本のライトを大きい方のプーリーに当て、もう1つ、紫外線ライトを小さい方のプーリーに照射すると、プーリーがゆっくりと回転を始めます。繰り返しますが、動力装置は何も付いておらず、ただ光を当てただけでプーリーが回転したのです。

化石燃料や電気を使わず、光だけで動くモーター。まるで手品のような仕組みが誕生したのです。

この「光プラスチックモーター」は、プーリーに掛かっているフィルムに秘密があります。フィルムには、高分子でできた特殊な材料が塗られており、これに光を当てることでフィルムが変形して、回転運動をしています。

光プラスチックモーターの実験装置。大きいプーリーの直径は1cm程度だ。

●分子レベルの力を現実世界に作用させる

フィルムの上で起こっているのは、分子レベルのごく小さな変化です。それがなぜ、プーリーを回転させる力に変わるのでしょうか?

分子レベルで機械的な動きを起こす「分子機械」は、すでにナノテクノロジーや化学の一分野として認められるようになりました。酸、アルカリ、熱、光といった外部刺激を与えることで、分子構造を変化させ、分子サイズの歯車やピンセットを動かすことは、すでに多くの研究者が成功しています。

しかし、こうした分子機械が起こせるのは、あくまで分子レベルでの動き。私たちの目で見えるレベルの力に変えることはできていなかったのです。

池田研究室の池田富樹教授（現 中央大学研究開発機構）は、長年高分子材料を研究しており、分子レベルで起こった変化を「協同現象」によって目に見えるようにする手法を考えていました。

協同現象とは、物質中にある1つの分子の変化が将棋倒しのように全体に伝わっていくことを指します。液晶テレビに使われている液晶も、協同現象を起こす代表的な物質です。液晶パネルに電圧をかけることで、液晶の分子が一斉に特定の方向を向き、光を遮ったり、通したりすることで表示を行ないます。

多くの分子が連なって構成されている高分子材料で、協同現象を起こすことができれば、分子レベルで起こっている変化を目に見える力に変えられるのではないか。池田研究室が着目したの

池田富樹（いけだ とみき）
1973年、京都大学工学部高分子化学科卒業、78年、京都大学大学院工学研究科高分子化学専攻博士課程修了、78年から81年まで英国リバプール大学博士研究員、94年から2011年まで東京工業大学資源化学研究所教授、11年より中央大学研究開発機構教授。専門は高分子化学、光化学、材料化学。1999年に日本液晶学会賞、2003年に高分子学会賞を受賞。

は、光によって分子構造が変化する「アゾベンゼン」という物質でした。アゾベンゼンは分子が棒状になっている時に紫外光を当てるとV字型になり、V字型に可視光を当てると、棒状に戻るという性質があります。ちなみにアゾベンゼンというのは20世紀初頭に人工合成された物質で、染料として使われていました。ところが、アゾベンゼンはすぐ色落ちしてしまうため、染料としては失格だったのです。なぜ色落ちするかといえば、光を当てると分子構造が変化するから。1960年代になると、アゾベンゼンのこの性質を利用して、記録材料にするといった応用研究が行なわれるようになります。色落ちして使い物にならなかった染料が、新しい研究分野を拓くことになったというのは、興味深いエピソードです。

●分子の「将棋倒し」を起こせ

アゾベンゼンは低分子、つまりそれほど分子量が大きくありません。低分子は基本的に液体であり、流動性が高いため、1つの分子が変化してもそれが全体には伝わりにくいのです。そこで、池田研究室では、アゾベンゼンを数珠状にくっつけた高分子材料を作り、同じように光によって構造が変化することを確かめました。高分子材料は基本的に固体なので、フィルム状にすることができます。

しかし、高分子にしただけではまだ十分に協同現象を起こすことができません。そのために用いたのが「架橋」です。高分子は1本の鎖のようになっていますが、この鎖同士を化学反応で結びつけることを架橋といいます。架橋することで、分子同士がより密接に結びつき、1つの分子の変化が全体に伝わりやすくなるのです。

さらに、アゾベンゼンの研究を進めていくうちに、液晶のような性質を持ったアゾベンゼンの化合物が存在することがわかってきました。これがわかるまでは、アゾベンゼンと液晶の化合物を作っていたのですが、架橋したアゾベンゼン化合物だけで同様の性質を持った物質を作れるようになりました。

2003年に池田研究室は、この化合物で厚さ10マイクロメートルのフィルムを作成しました。紫外光を当てれば曲がり、可視光を当てればまっすぐになるフィルムが生まれたのです。

さらに改良を加えることで、より柔軟な動きも可能になりました。最初に作成したフィルムでは、アゾベンゼンの分子をすべて同じ方向に揃えていたため、どの方向にフィルムが曲がるかは作成した時点で決まってしまっていました。しかし、フィルム状にいくつかの領域を作り、領域ごとに配列を変えたことで、偏光した光を当てた時にだけ違う方向に曲げることが可能になりました。さらに、アゾベンゼンの分子を立たせた状態にすると、光を当てた方向とは逆

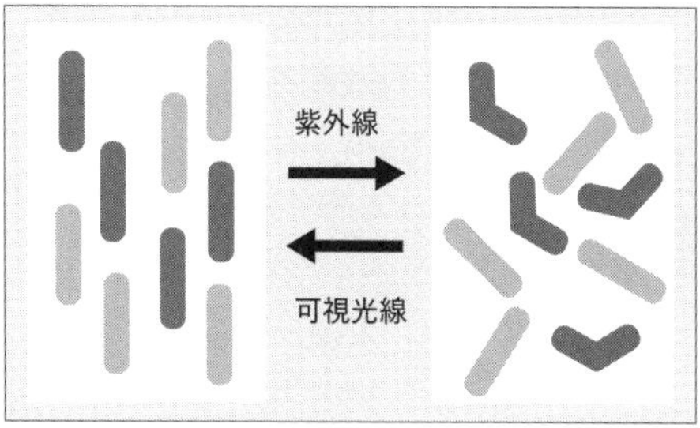

アゾベンゼンと液晶を混ぜた状態の概略図。トランス状態のアゾベンゼン（棒状）は、液晶とともにきちんと並んでいる。紫外光を当てるとアゾベンゼンはV字型のシス状態になり、液晶がきちんと並ぼうとするのを妨げる。

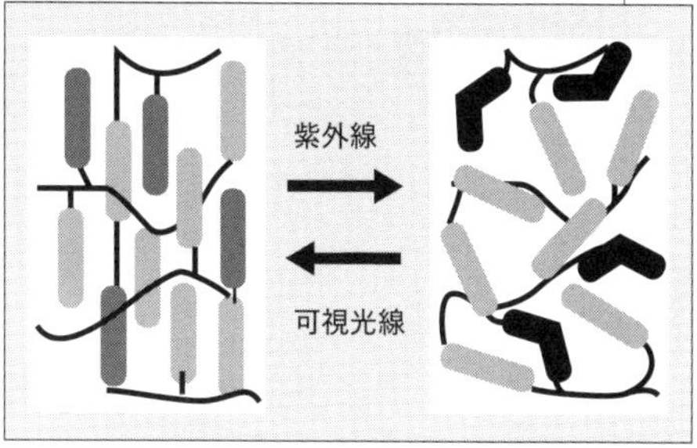

アゾベンゼンが架橋してあると、紫外光を当てた時に、より変形しやすくなる。

方向に曲がることもわかりました。

こうして作ったフィルムに光を当てると、尺取り虫のように身をくねらせて進んだりと、手品としか思えない動きを見せてくれます。

●フィルムをもっとパワーアップ

光で自在に動かせるようになったとはいえ、フィルムで出せる力はまだまだ弱かったため、池田研究室ではさらなるパワーアップに取り組みます。

ポイントの1つは、力を出す層が限られていたこと。アゾベンゼンの高分子だけで作ったフィルムでは、表面から1マイクロメートルの分子が光をすべて吸収してしまい、それより内部の分子はあまり役に立っていなかったのです。

そこで光に反応しない液晶高分子に、少しだけアゾベンゼンの高分子を混ぜたフィルムを作りました。要するに、アゾベンゼンの密度を減らすことで、フィルムの奥の方まで光が届くようにしたのです。面積当たりの密度が減ると、出る力が減りそうな気がしますが、池田教授によれば、アゾベンゼンは引き金なので、密度が1/4程度になっても出せる力に変わりはないそうです。50時間にわたって、曲げ伸ばしのサイクルを5000回繰り返しても、フィルムの力が低下することはありませんでした。

こうしてフィルム全体から力を出せるようになった結果、人間の筋繊維の10倍近い値を達成することができました。考えてみると、筋繊維もアクチンとミオシンというタンパク質の構造変化によって力を生み出しています。科学がようやく、自然の分子機械に追いついてきたということなのでしょう。

●どうしてフィルムに光を当てただけでプーリーが回るのか?

池田研究室では、フィルムをポリエチレンで積層化して丈夫にし、プーリーを使った回転運動の実験に取り組み始めました。それにしても、なぜ曲げ伸ばしの運動が回転運動に変わるのでしょう?

完全にはまだわかっていないのですが、どうやらプーリーのサイズにポイントがあるようです。サイズが大きく異なるプーリーを用いた場合、紫外光で縮む力と可視光で伸びる力のバランスがうまく取れるのではないかと推測されています。

●太陽光を浴びて飛び続ける飛行船

それでは、この光プラスチックのフィルム、そしてモーターはどんなモノに応用することができるのでしょうか?

1つの応用は、ロボットアームなどへの応用です。ロボットがもっとスムーズに、より人間に近い動きをするようになってくるかもしれませんね。

また、光プラスチックモーターがさらに強いパワーを出せるようになれば、太陽光だけで動く無人車や、無人の飛行船に応用できる可能性もあります。

従来の機械は、内部にモーターやエンジンを備えていましたから、どうしても重量が重くなってしまいました。光プラスチックモーターが完成することによって、より自由度が高く、軽量で、そして太陽光が降り注ぐ限り動き続ける、まったく新しい機械が誕生することになるのかもしれません。

Chapter 07

エコな交通機関

新しい交通機関といえば、
電気自動車やリニアモーターカーが思い浮かびますが、
ローテクな最新技術も忘れてはなりません。
遊園地のジェットコースターを応用した「エコライド」は、
環境負荷が低く、しかも建設費や維持費も圧倒的に低コスト。
さらに、コンピュータのプログラミング技術を
トラック運送に応用しようという研究も進んでいます。
ハイテクについつい目がいってしまいがちですが、
ローテクな最新技術も、
住みよい環境のために大きな役割を果たすことになりそうです。

街中をジェットコースターが駆け抜ける

●未来都市では、チューブの中を列車が走っていた

林立する高層ビルの間を巨大な真空チューブが走り、その中を高速列車が行き交う。ちょっとした場所に行くにはロボットカーや動く歩道で。

星新一や手塚治虫の描く未来では、こんな光景が当たり前になっていました。しかし、実際に私たちが使う公共交通機関といえば、相変わらずバスや電車です。乗り心地は改良され続けていますし、ICカードで乗り降りしたり、モバイル端末で経路探索や予約ができるようになったのは進歩ではありますが、あまり未来な感じがしなくて、SF好きとしては正直少々残念な気持ちがあります。

20世紀の終わりには、ゆりかもめに代表される「新交通システム」が各地に作られましたが、正直いって首都圏以外はどこも経営状況は芳しくありません。

都市部での近距離輸送のために新しい交通機関を導入しようとすると、日本ではどうしても高コストになってしまいます。1キロメートルあたりの建設費でいうと、都営大江戸線のようなミニ地下鉄が200億円から300億円で、新交通システムは100億円。ミニ地下鉄の半分とはいえ、1キロメートルあたり100億円というのはいかにも高い。これで利益を出すのは、厳しいでしょう。

しかし、鉄道の駅から数キロメートル圏内にある住宅地、ショッピングセンターへの移動手段に困っている地域はいくらでもあります。バスが走っていたとしても、運行時間が短いせいで、夜遅くに帰ったらタクシーを使ったり、家族に迎えに来てもらわないといけなかったり。

近距離輸送のシステムが整備されれば、住環境が大幅に改善されて魅力的に生まれ変われそうな街は、みなさんの周りにも少なくないのではないでしょうか。

●ジェットコースターが研究所の中をのんびりと走る

千葉県稲毛区にある東京大学生産技術研究所千葉実験所。ここには、主に屋外での大規模な実験設備が用意されており、鉄道や自動車などの走行実験も行なわれています。所内には道路や信号機もあって、場所によっては自動車教習所のようにも見えます。

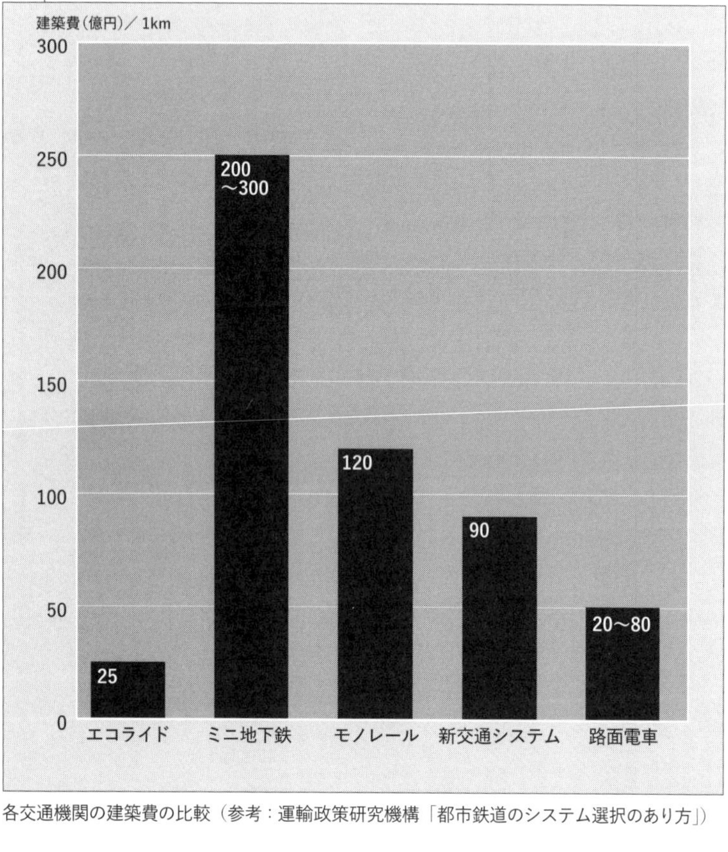

各交通機関の建築費の比較（参考：運輸政策研究機構「都市鉄道のシステム選択のあり方」）

研究所の一角にはレールが敷設され、新しい方式の交通システムが試験されているのですが、このレールにはどこかで見覚えがあります。パイプが上下にカーブを描いているのは、まさに遊園地で見かけるジェットコースターのレールそのものです。

このレールは、ジェットコースターの原理を応用した新しい交通システム「エコライド」の実験線です。エコライドは、遊園地施設の製作～運営を手がける泉陽興業（研究代表者：表久紀氏）が、東京大学と共同開発しているもので、ジェットコースターに関するノウハウが活かされています。ただ、ジェットコースターの技術を利用しているといっても、公共交通機関ですからものすごいスピードが出て、乗客が絶叫するということはありません。位置エネルギーを運動エネルギーに変換することが、ジェットコースターの本質です。要するに、ワイヤーなどによって傾斜の上に車体を引き上げ、下りの傾斜を走らせる。下った勢いを利用して、最初より低い傾斜を上らせて、また下る。基本的に、ジェットコースターの車体側には動力は搭載されていません。

エコライドが走る姿は何とものんびりとしており、傾斜の上に引き上げられたらそこからゆっくりと下っていきます。最新の交通機関とは思えないほど、穏やかな乗り物です。

実験用エコライドは1両編成で、12名程度が乗り込むことができます。平均時速が20km/h、最高時速は40～50km/h。交通システムの専門家で共同開発者の東京大学生産技術研究所の須田義大教授によ

エコライドの実験用車両。現在は木製の簡易的なものを使用している。

れば、「だいたい路線バスと同じ程度のスピード」だとのことです。

●脱線しづらい、ジェットコースターのレール

ジェットコースターを公共交通機関に応用するのは、面白そうだから……ではなくて、ちゃんとした理由があります。

ジェットコースターの車体側には動力がありません。極端にいえば車輪と座席だけといってもいいくらいにシンプルです。このため、その他の交通機関に比べて車両重量が大幅に軽くなっており、それを支えるレールなどのインフラも軽くて済み、建設コストを抑えることができます。

また、ジェットコースターは曲がりくねったレールの上を猛スピードで疾走するだけあって、安全のためのノウハウが蓄積されてきたというのもポイントでしょう。例えば、車輪です。遊園地のジェットコースターの車輪をよく見てみると、上下に加えて横からもレールを挟み込む構造になっています。このような構造になっているため、ジェットコースターはあれほど過酷な走行をするにもかかわらず、脱輪しにくくなっているのです。

こうしたジェットコースターの特徴は、そのままエコライドでも採用されています。

●車両側には動力もブレーキもない

エコライドの車両には動力もブレ

須田義大（すだ よしひろ）
1959年、東京都生まれ、82年、東京大学工学部機械工学科卒業、同大学大学院工学系研究科 産業機械工学専攻博士課程修了、工学博士。法政大学工学部専任講師、助教授を経て、90年、東京大学生産技術研究所助教授、カナダ・クイーンズ大学客員助教授を経て、現在、東京大学生産技術研究所教授、情報学環教授（兼担）、先進モビリティ研究センター長、千葉実験所長、鉄道、自動車などの交通システムに関する研究に幅広く従事。日本機械学会フェロー、航空・鉄道事故調査委員会専門委員など。

ーキもありません。それらはすべてレール側にあるのです。

　実験線では、傾斜に車両を引き上げるためにウィンチ（巻き上げ機）を使っていますが、実用化する際にはレール側に引き上げ用ワイヤーロープを設置、車両側のフックを引っかけて引っ張り上げます。

　一方、ブレーキに関していえば、駅の近くのレールには永久磁石が配置されており、この反発力を利用して車両を減速するようになっています。この方式には、大きなメリットがあって、それは非接触だということです。非接触であるために、静かでスムーズな減速が行なえ、さらに部品の摩耗もありません。

　こんなにメリットがあるなら、電車などでも永久磁石ブレーキをもっと使えばよさそうなものですが、そうはいきません。永久磁石で減速できるのは、エコライドの車両が軽いからです。リニアモーターカーのように超伝導電磁石を使う仕組みもありますが、コストははるかに高くなってしまいます。

　エコライドの車両の下には魚のひれのようにフィンが出ており、レール側にはこれを挟み込むための仕組みも用意されています。永久磁石である程度減速させておき、空圧の機械式ブレーキでフィンをぎゅっと挟み込んで完全停止させるのです。このあたりにもジェットコースターで培われたノウハウが投入されています。

　車両側にブレーキがないと聞くと、ちょっと不安に感じる人もいるかもしれません。

表 久紀（おもて ひさのり）
1951年生まれ。大阪府立大学工学部航空学科卒業。泉陽興業株式会社勤務。入社以来コースター、ミニモノレールの開発、設計に従事。エコライド開発プロジェクトの技術責任者。2009年度低炭素委託事業「ITS中量公共交通機関「エコライド」の開発による低炭素化地域交通モデルの実証研究」の研究代表者。

エコライドの場合、レールは一定距離ごとに「ブロック」で区切られており、この各ブロックに車両を停止させるための仕組みが用意されています。

エコライドの車両をよく見ると、下部に小さなタイヤが付いているのですが、これは減速時のエネルギーを電気に変換して、キャパシタに蓄積するためのものです。実験車両では、車両側にキャパシタが搭載されていて、ここに蓄積された電気は発進時に車輪を回す補助として使われます。今後は、この仕組みもレール側に設置する予定だということで、車両側にはできる限り余分なものを搭載しないという構造が徹底されています。

ジェットコースターと同様、上下横の三方向からレールを挟み込む構造になっているため、脱輪の可能性が極めて低くなっている。

永久磁石を使ったブレーキ装置が3つレールに並ぶ。車両とこのブレーキ装置は非接触だ。

ジェットコースターでも使われているメカ式のブレーキ装置。こちらは車両側のフィンを挟んで減速させる。

ついでにいえば、エコライドは無人運転で、制御も完全に地上側から行なわれるようになっています。

●地形や環境に合わせてコースをデザインする

エコライドは、高低差を利用して移動するため、基本的には一方向に循環するループ状の単線になりますが、細いループ状にすることで、2地点間の往復も可能になると、須田教授はいいます。では、建設可能な地形条件はどのようなものでしょうか?

須田 コースが環状になっていて、元の場所に戻ってくる必要はありますね。元の地形を利用して、下りが続くコースにすることもあり得るでしょう。その場合は、コースのどこかで車両を引き上げることになります。平坦な場所なら、例えば高度を10メートル引き上げて、水平距離で300〜500メートル走らせることができます。これの繰り返しです。

また、すでにインフラのある都市部にも導入しやすいそうです。

須田 エコライドはレールも軽くて済みますし、道路などの障害がある場合は立体交差もできます。さらに、半径10メートル程度のきついカーブでも曲がれるなど、自由度が非常に高く、地形に合わせてコースをデザインできるのが大きな強みです。車両もレールもコンパクトなので、ある程度の道路幅があれば建設できます。あるいは中央分離帯に柱を立ててレールを通すこともできるでしょう。ビルとビルの間を走らせることもできると思います。5〜7両くらい車両を連結することで、1時間当たり2000〜2500人の輸送力を持たせることができるでしょう。

●ミニ地下鉄の10分の1の費用で建設可能

従来の新交通システムやミニ地下鉄を建設しようとすれば、用地買収からスタートしなければならないわけですが、既存の道路の上にレールを敷設できるというのは大きなメリットでしょう。

では、エコライドの建設コストやランニングコストは、どのくらいになるのでしょうか?

須田教授の研究チームによる試算では、1キロメートル当たりの建設費はミニ地下鉄で220億円、モノレールで120億円、新交通システムでも100億円弱。これに対して、エコライドは20億円で済むということです。

また、1人を1キロメートル輸送するのに必要なエネルギー(単位はキロジュール/人キロメートル)も、自動車が2577、バスが755、鉄道でも467。エコライドなら226です。

建設費やランニングコストが圧倒的に安いこと、排気ガスを出さないこと、道路渋滞を起こさないなど、数キロメートル圏内の移動手段としてエコライドはかなり魅力的な特徴を備えているように見えます。実用化するための課題はいったいどこにあるのでしょうか?

須田 2006年からNEDO(独立行政法人 新エネルギー・産業技術総合開発機構)の、2010年からは関東経済産業局の委託を受けて、開発を進めてきました。現在は実験線で台車の乗り心地やスムーズな加速・減速制御の方法について研究を行なっています。基本的なアイデアについては実証できましたから、次のステップでは公共交通機関として成立することを明確化しなければなりません。そのため、2011年には、各界の専門家による実用化に向けた検討委員会を発足しました。ジェットコースターと違い、エコライドはお年寄りも利用しますから、すべての人に優しく、便利に利用できるものにしていく必要があります。

2010年の第二次試作車両では、車両の下部に二段階のバネを搭載することで振動を半減させることに成功、快適な乗り心地の目処も立ってきたとのことです。

●複雑な仕組みだけが未来の交通機関ではない

私たちは、「未来の技術」と聞くと、エレクトロニクスや超電導技術などを駆使した、複雑な技術を連想しがちです。超伝導電磁石で浮上するリニアモーターカーは、まさに未来のイメージそのものですね。

ところが、未来の技術は必ずしも複雑なものとは限らない、そういうことに私たちは気づきつつあります（リニアモーターカーが不要だということではありませんが）。

例えば、自転車です。19世紀末には現在とほぼ同じ形状になった自転車は、これ以上改良のしようもないほどシンプルな構造をしていると思われていました。

1990年代以降、特にヨーロッパでは環境意識が高まったことで自転車が改めて注目されるようになりました。その結果、自転車においても技術革新が進み、持ち運びできて走行性能に優れる折り畳み自転車や、坂道も楽に上れる電動アシスト自転車などが、相次いで登場することになります。

驚くべきことに、自転車のような公共交通システムも開発されています。Googleが投資をしたことでも話題になった「Shweeb」

自転車のように漕いで移動するShweeb。

は、張り巡らされたレールに沿って動くチューブに乗客が1人1人乗り込むのですが、動力は何と乗客自身で、自転車のように自分の足で漕いで目的地まで移動するのです。

ライフスタイルや用途によっては、こういうある意味、アナクロな手段こそが最適解になり得るのかもしれません。

物流をプログラミングせよ

●今の物流はムダだらけ

公共交通機関の新しい形としてエコライドを紹介しましたが、環境に配慮した交通機関といえば電気自動車も話題になっています。

「エコ」という文脈で交通機関を捉えた時、たいていの人が思い浮かべるのは、燃費がよい、排気ガスを出さないといった、ハードウェアとしての交通機関だと思います。しかし、一見見過ごされがちなのが、交通機関のソフトウェアです。ここでいうソフトウェアは、自動車のエンジン制御だとかネットアクセス機能といった機能ではなく、交通機関の運用のことを指します。

いくら交通機関のハードウェアが低燃費になっても、運用の仕方が悪ければ、燃費を効率化した効果がまったく帳消しになってしまうこともあります。

仮に、20%燃費を削減できる自動車に買い替えたとしても、最短経路より30%遠回りしていたら、何の意味もないでしょう。逆にいえば、上手に自動車を運用して、最短の経路を通るようにすれば、新しい自動車に買い替えなくても燃費や環境負荷を下げることは可能です。

その観点から見ると、現在の物流、トラック輸送にはまだまだ改善の余地があります。

例えば、自動車組み立て工場と下請けの部品工場のケースを考えてみましょう。部品工場から組み立て工場に部品を納品する一番単純な方法は、部品工場が輸送用のトラックを用意して、出来上がった部品を積み込み、組み立て工場に送ります。この場合のデメリットは、部品工場ごとにトラックを用意しなければならないこと、そして戻ってくる時にはトラックが空になっていること。何も荷物を積んでいないトラックを走らせるためにガソリンを消費するというのは何とももったいない話ですが、これが物流の現状なのです。

●なかなか広まらない共同物流

トラック台数を減らして、効率的に荷物を運ぶいい方法はないのでしょうか?　答えは簡単なことで、共同物流をすればよいのです。先ほどの自動車工場の例でいうなら、最終的な荷物の宛先である組み立て工場がトラックを用意して、複数の部品工場を定期的に巡回させるようにすればいい。この輸送方法は、牛乳業者が酪農家を回って牛乳を集めるのになぞらえて、「ミルクラン」方式と呼ばれます。

日本でも大手企業の何社かが部品の調達にミルクラン方式を採用していますが、まだまだユーザー企業は少ないのが現実です。なぜかといえば、ミルクラン方式で効率的に輸送を行なうのはなかなかやっかいだから。最終的な目的地が1つで、巡回パターンが単純なら、ミルクラン方式を導入できますが、いろいろな条件が組み合わさってくると、とたんに難しくなってしまうのです。

例えば、荷物の宛先が複数ある場合。最終的な宛先が1つの組み立て工場や巨大スーパーというならいいかもしれませんが、複数の企業と取引している業者は少なくありません。

あるいは、荷物によって、積み込む順序を考慮しなければならない場合もやっかいです。コンビニやスーパー店舗への輸送では、賞味期限の短い食品は（早く取り出せるように）あとで積み込むという鉄則があります。

このような条件をすべて考慮して、トラック便の運行スケジュールを人間が組み立てるのは相当大変だということがわかると思います。しかも、交通渋滞や事故といった不測の事態も発生するわけですし。

共同物流で効率化のメリットを得ようとすれば、できる限り多くの会社が参加した方がいい。しかし、多くの会社が参加すると、使いやすい形で便を用意できないというジレンマに陥ってしまうのです。

●トラック便をプログラミング言語で表現する

どうやったら、ミルクラン方式の共同物流をもっと広めることができるのでしょうか?

国立情報学研究所の佐藤一郎教授が研究しているのは、「物流をプログラミングする」というもの。ただし、これは最適な経路をコンピュータで解くということでは「ありません」。

「あるセールスマンがいくつかの都市を一度ずつ訪問して出発点に戻ってくるときに、移動距離が最短になる経路」を求める問題は、「巡回セールスマン問題」として知られています。この問題は都市の数が増えるほど最適解を求めるのは難しくなるということもあり、実際の物流ではほとんど利用されていません。配達先などの条件が少し変化しただけで、最適な経路が大きく変化することもあるため、物資の定期輸送に使うには現実的ではないという事情もあります。

佐藤教授が研究しているのは、経路を探索するプログラムではなく、トラック便をプログラムとして扱う手法です。そのために、物流に特化した記述を持つ、プログラミング言語を開発しました。例えば、AとB、2つの集配先があるとしたら、A→B（あるいはB→A）と順番に回らなければいけない場合と、AとBのどちらを先に回ってもいい場合がありえます。開発された物流プログラミング

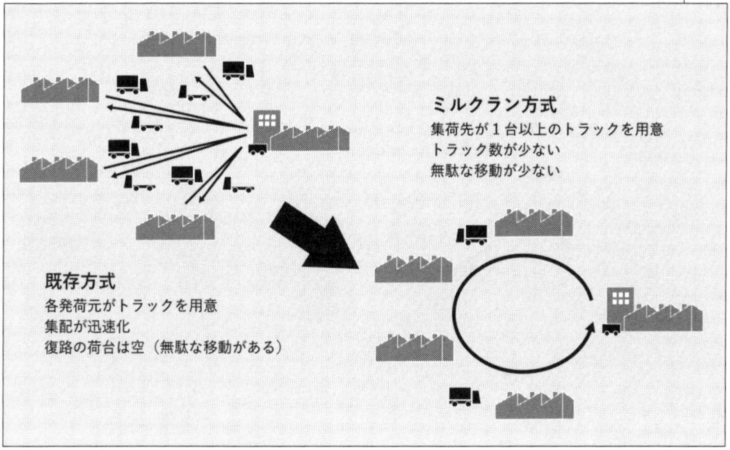

既存方式とミルクラン方式の比較。
ミルクランの方が無駄な移動を少なくできる。

言語では、前者を「A;B」、後者を「A%B」と表現します。

出発地Sからスタートして、A、B、C、Dを回り、最終的にSに戻る。Aは最初、Dは最後に回らなければならないけれど、BとCはどちらを先に回ってもいい。こういう条件なら「S;A;(B%C);D;S」となるわけです。もちろん、これだけでなく、到着時間の指定や所要時間の指定など、実際の物流を表現するのに必要な書式が備わっています。

佐藤　（既存の）汎用的な言語では、経路を表す以外にもさまざまな機能を備えていますから解析するのが難しくなります。また、いろいろな書式で書けてしまうと、同じ経路の記述も人によって変わってきてしまいます。（物流専用プログラミング言語の）もう1つのメリットは、表現のコンパクトさにあります。RFIDタグや二次元バーコードなどに経路情報を埋め込むのも簡単になるわけです。

●最適なトラックをサーバーに問い合わせて選択

このプログラミング言語は、トラック運行業者と、荷主・集配先

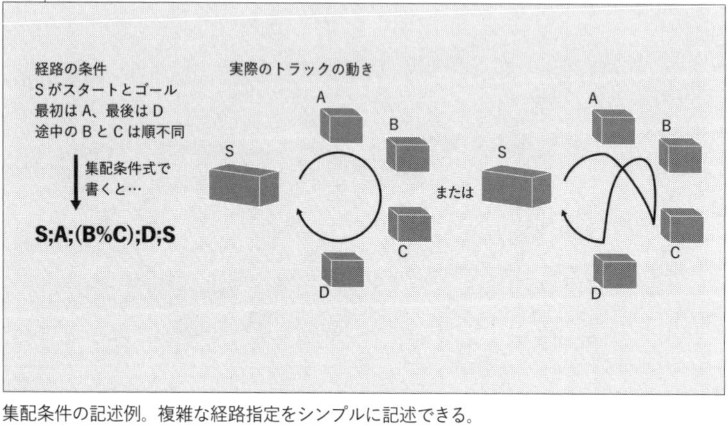

集配条件の記述例。複雑な経路指定をシンプルに記述できる。

が使うことを想定しています。トラック運行業者は、運行しているトラックの経路を記述して「トラック選択サーバー」に登録しておきます。運行計画表を入力すれば自動的に適切な記述に変換されるようになっているため、IT専門家でない人でも大丈夫です。

荷主や集配先は、物資の集配条件を言語で記述して、やはりトラック選択サーバーに登録します。問い合わせを受けたサーバーは、登録されているトラックの中から条件に該当する便を選択して表示、複数便がある場合には移動時間や移動距離の短い順に表示されます。このシステムは、登録されたトラック便を見つけるための検索エンジンというわけです。現在、クラウド・コンピューティングのインフラである、Google App Engine上への実装を行なっており、ネックワークサービスとして参加ユーザーに提供することを目指しています。

言葉で書くとややこしそうなイメージを受けますが、実際の運用ではRFIDタグや二次元バーコードが活用される予定になっています。荷主が集配条件をRFIDタグや二次元バーコードに埋め込んでおけば、それをスキャンするだけでどのトラック便に乗せればいいのか即座にわかります。いろんな経路を通る路線バスがある時に、どの荷物はどのバスに乗せるのがよいかを瞬時に調べられるシステムと考えればイメージが湧きやすいかもしれません。

では、渋滞や事故が起こったらどうするのでしょう?

佐藤　システム自体は、集配中の状況に対して一切関知していません。

佐藤一郎（さとう いちろう）
慶大電気工学科卒、同大計算機科学専攻後期博士課程修了、博士（工学）。国立情報学研究所・アーキテクチャ科学研究系・教授。専門はミドルウェアなどのシステムソフトウェア、ただし基本的には実装屋。2006年度科学技術分野 文部科学大臣表彰 若手科学者賞他多数受賞。

トラックの運行事業者は登録した計画通りに運行することになります。個人向けの宅配便と異なり、業務向けの物流では運行計画書通りにトラックを走らせることになっていますから、これで問題はないでしょう。経路記述言語には、渋滞や事故時の代替経路を記述することができますし、到着時間に幅を持たせることもできます。ただし、事故が起きた時に何でもかんでもリカバリーできるようにしようとすると、システムのコストが膨れあがってしまいますから、そういう仕様にはしていません。現在の物流でも、事故などの例外的な状況には対応させていませんし、現実的に対応させる必要もないでしょう。

●コンピュータサイエンスと物流の深い関係

経路探索では、ソフトウェア工学で使われるプログラムの検証・解析手法を利用しているそうです。荷主の求める集配条件をプログラムの仕様、登録されているトラック経路をプログラムの実装と見なし、トラック経路（実装）が集配条件（仕様）を満足しているかを調べるわけですが、このような検証・解析手法は、コンピュータサイエンスの分野では一般的で、これをそのまま応用しているとのこと。プログラムの実行時間を見積もるソフトウェア技術も開発されているため、移動距離や時間を割り出すことも可能です。

また、近年盛んになってきた「並列プログラミング」のモデルもこのシステムには利用されています。最近のコンピュータは複数のCPUを備えており、そのパワーを効果的に利用するためには、1つのプログラムをできるだけ並列的に、つまり複数のCPUで分散して実行できるようにすべきという考え方が主流になってきました。佐藤教授のシステムでは、この並列プログラミングを「逆に」応用しています。つまり、バラバラな集配条件というプログラムを、まとめて「逐次的」に実行できるプログラムに変換しているのです。

佐藤教授によればこのシステムを利用することで、最適化されていない輸送網なら3〜4割、効率化を進めている輸送網でもさらに数%は効率化できるそうです。現在の物流は、個々の会社ごとの部分最適化に陥っており、全体最適化の余地が大きいということでしょう。

佐藤　日本全体の平均を考えれば20%程度の効率化はできるのではないでしょうか。ただし、宅配便への応用は考えていません。宅配便のドライバーは、電話で再配達を頼むと経路を変えて対応してくれますが、これは極めてインテリジェントな処理です。私が開発しているシステムは、基本的に固定ルートに適用することを前提にしています。

しかし、リアルのトラック便を、概念的なプログラムとして扱うことは本当に可能なのか、気になります。

佐藤　なぜ、このシステムがうまく働くのか不思議に思われるでしょうね。ネットワークの世界では小分けしたデータをパケット（小荷物）といい、インターネット上では、個々のパケットの宛先をルーターが解釈して転送していきます。コンピュータサイエンスは、元々現実世界のメタファーから出発しているんですよ。それなら逆に、ネットワークの技術を物流にも応用できるかもしれないと考えました。僕はソフトウェア研究が専門で、このシステムも元々はネットワーク上の経路制御（ルーティング）のために研究していました。

プログラミング言語を用いたこのシステムには、さまざまな業界から引き合いが来ており、新聞販売会社も興味を示しているそうです。

佐藤　実は、物流で一番難しいのは新聞や雑誌などの情報を運ぶ場合です。新聞などを共同物流する場合、販売所やキオスクの開店時間はバラバラですし、かといって店の前に放り出しておくわけにもいきません。きちんと時間を合わせて、効率的に配達する必要があるのです。私の開発したシステムは、こういう用途にも適しています。

●現実世界にあるリソースを共有できるOSを作る

物流のプログラム化だけでなく、コンピュータサイエンスで研究されている技術はもっと現実世界に適用できるのではないか。そう佐藤教授は語ります。コンピュータ用のOS（オペレーティングシステム）にはそのヒントとなる技術が数多く含まれているそうです。

例えば、WindowsなどのOSでは仮想メモリ（実際のメモリ搭載量よりも大きなメモリをソフトウェアに提供する仕組み）が使われています。ハードディスクを仮想的なメモリとして使うことで、実際には少ないメモリしか積んでいないパソコンでも、大きなデータを扱うことができます。これを自転車シェアリングに応用できないかというのが佐藤教授のアイデアです。自転車シェアリングとは、実際の自転車の数よりも多くの人に自転車を使ってもらう仕組みであり、一種の仮想メモリと考えることもできます。駐輪場間を行き来して、自転車を輸送しているトラックの運行に仮想メモリのノウハウを適用すれば、少ない自転車でも利用者の満足度を上げることができるのではないでしょうか。

あるいは、OSのマルチタスキング（複数の処理を同時に実行する仕組み）。コンピュータのOSには、複数のプログラムを同時に走らせるマルチタスキングの仕組みが搭載されています。優先度の高い処理、例えば急いで書類を印刷しなければならないとしましょう。この時、優先度の低い処理を後回しにすることが常に最適な解とは限りません。時には、優先度の低い処理をさっさと終わらせてから、印刷を行なった方が結果的に早く処理できることもあります。これから現実世界での何かを連想しないでしょうか？　急いで通さなければならないといえば、消防車や救急車などの緊急車両です。緊急車両がサイレンを鳴らして通る時、他のクルマは無条件で道を空けなければなりませんが、狭い道の場合は緊急車両の前を走っているクルマを先に通してしまった方がいいこともあるでしょう。

そして、リソースを上手に共有することも重要です。地方では病院の統廃合によって、診療科がどんどん足りなくなってきています。ある病院には消化器系、別の病院には泌尿器科がある。それならばシャトルバスを効率的に巡回させることで、バーチャルな総合病院を作れるかもしれません。

佐藤　コンピュータのOSというのは、メモリやハードディスク、CPUの処理能力といった限られたリソースを上手に共有するための仕組みです。「現実世界のOS」を用意すれば、各人が所有するのに近い利便性は維持したまま、社会のリソースをもっと有効に使えるのではないでしょうか。コンピュータサイエンス分野の研究は、現実と直接は関わらないと考えられてきましたが、今後は社会基盤そのものを作るためにも重要な意味を持ってくると考えています。

Chapter 08

次世代エネルギー

最後に取り上げるのは、次世代エネルギーです。
東日本大震災後、太陽光発電や風力発電等に注目が集まっていますが、
それ以外にもユニークな研究が活発に行なわれています。
その1つは、既存の送電網を最適化する「超伝導直流送電」の技術。
これによって、世界規模の送電インフラが可能になるかもしれません。
さらに、石油や石炭以外の物質をエネルギーの媒介として利用し、
循環社会を実現しようという構想もあります。
その候補となる物質とは……?

なぜ私たちは石炭や石油を使うのか?

●化石燃料によって成り立っている現代文明

最後の章では、次世代のエネルギーについて取り上げます。

私たちの世界では、石油や石炭といった化石燃料をエネルギー源として利用しています。化石燃料を燃やして自動車を走らせたり、発電することは、私たちの文明の基盤そのものです。化石燃料は、人類のエネルギー消費量のうち、約9割を占めています。

では、そもそもエネルギーとは何でしょうか? なぜ、化石燃料はエネルギー源として使われるのでしょうか?

エネルギーの一番わかりやすい例は、位置エネルギーではないかと思います。高いところにある物体は、高い位置エネルギーを持っているとされます。高いところから物体を落とせば、低いところから落とすよりも衝撃が大きい。ここから、高い位置にある物体ほど持っているエネルギーが大きいことが直感的にわかります。落ちて地面で静止しているボールは、位置エネルギーがゼロ。持っていた位置エネルギーは運動エネルギーに変換されたわけです。

これは位置エネルギーの話ですが、乱暴にいえば化学的反応についても同じことがいえるでしょう。物質を構成する分子は、内部にエネルギーを持っています。化学反応によって、分子の内部エネルギーを熱や光として取り出し、何らかの仕事をさせるのが、一番基本的な仕組みです。

昔から人類は木を燃やして熱を取り出してきましたが、その用途は化石燃料によって置き換えられることになりました。石炭や石油は、炭素と水素が結合した炭化水素を主成分としていますが、炭化水素の持つ内部エネルギーは木材よりもずっと大きいのです。さらに、石炭や石油は運搬や貯蔵も簡単なうえ、低コストで調達

主要国の一次エネルギー構成

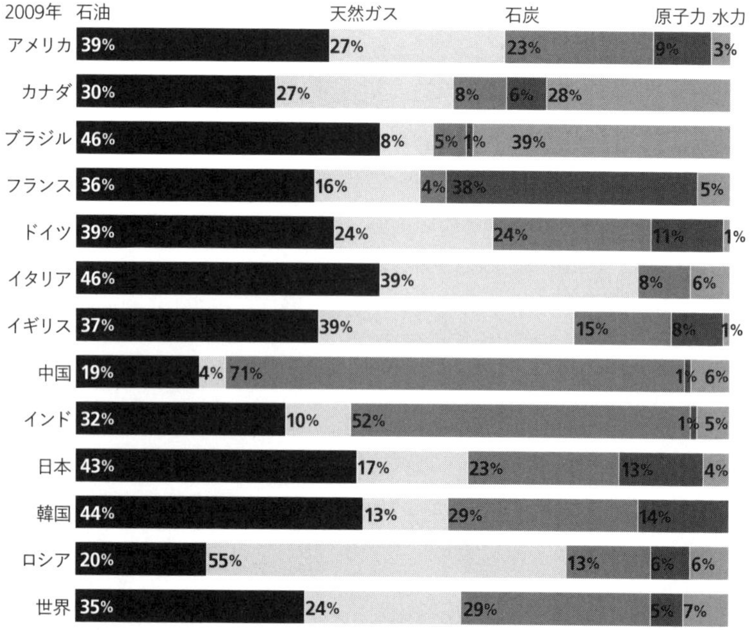

四捨五入の関係で合計値が合わない場合がある

	石油	天然ガス	石炭	原子力	水力	合計
アメリカ	842.9	588.7	498.0	190.2	62.2	2,182.0
カナダ	97.0	85.2	26.5	20.3	90.2	319.2
ブラジル	104.3	18.3	11.7	2.9	88.5	225.7
フランス	87.5	38.4	10.1	92.9	13.1	241.9
ドイツ	113.9	70.2	71.0	30.5	4.2	289.8
イタリア	75.1	64.5	13.4	—	10.5	163.4
イギリス	74.4	77.9	29.7	15.7	1.2	198.9
中国	404.6	79.8	1537.4	15.9	139.3	2,177.0
インド	148.5	46.7	245.8	3.8	24.0	468.9
日本	197.6	78.7	108.8	62.1	16.7	463.9
韓国	104.3	30.4	68.6	33.4	0.7	237.5
ロシア	124.9	350.7	82.9	37.0	39.8	635.3
世界	**3882.1**	**2653.1**	**3278.3**	**610.5**	**740.3**	**11,164.3**

石油換算（単位：億トン）

出典：BP統計2010

できると、まさにいいことづくめです。

●循環利用の難しい化石燃料

しかし、何もかもいいことづくめというわけにはいきません。まず、こうした化石燃料資源はいずれ枯渇するといわれています。石炭は太古の植物が腐敗せずに炭化したもの、石油は生物の死骸が地熱と圧力で分解されたものといわれます。なお、石油は生物由来でなく、現在も作られ続けているという説もあります。これが正しく、かつ人類の使用量が生産量を上回っていないのであれば、石油が枯渇する心配はないことになりますが、まだこの議論に決着は着いていません。ただし、石油が枯渇しないとしても、発展途上国での石油消費量は急増していますし、放っておけば低コストで安定的に供給することはいずれにせよ難しくなるでしょう。

また、化石燃料の問題としては、環境への影響も挙げられます。石炭や石油を燃やすと二酸化炭素が生じ、これが地表から放射される熱が宇宙に逃げるのを妨げるため、地球の温暖化が進むといわれています。二酸化炭素以外にも、窒素酸化物（NOx）や硫黄酸化物（SOx）が生じて、環境汚染の原因となります。

石炭や石油を燃やして熱を取り出すということは、高い位置にあるボールを下に落として仕事をさせるようなものと考えるとイメージしやすいでしょう。燃やしたあとに残る物質は、地面に落ちたボールですから、ここからエネルギーを取り出すのは難しいのです。残った物質をエネルギー源として利用するためには、改めてエネルギーをつぎ込み、高い内部エネルギーを持った物質を合成し直す必要があります。これでは本末転倒ですね。

●風や波もすべて太陽のエネルギー

一度使ったらおしまいの化石燃料ではなく、ずっと使い続けることのできるエネルギー源はないのでしょうか?

18世紀頃から「永久機関」というインチキで大儲けしようという輩がたくさん現れました。重りと車輪を組み合わせて永遠に回り続ける動力機関を発明したと言い張る者。ミシンなどに使われているフライホイールを使って、無限に電力を取り出せると主張する者。永久機関というのは、外部からエネルギーを受け取ることなく、仕事をし続ける装置のことで、この実現が不可能であることは熱力学によって明らかになっています。

外部からエネルギーを受けない永久機関は実現できませんが、太古から地球は無限に等しいエネルギーを受け続けてきました。それが太陽です。太陽のエネルギーというと、太陽光や太陽熱がまずイメージされると思いますが、風力や波力も太陽エネルギーの変形です（なお、地熱の大半は、地球内部の放射性物質が崩壊する際に出す熱です)。地表面に降り注ぐ太陽のエネルギーは、日本付近で1平方メートル当たり1キロワットにもなります。地球に降り注ぐ太陽のエネルギーは1時間で、世界の消費エネルギー1年分に相当します。

改めていうまでもなく、最近は太陽光/太陽熱発電に注目が集まっています。太陽光で発電すれば、エネルギー問題も一挙解決……できるといいのですが、そううまくはいきません。

電気というのは、出力の調整も行ないやすく、とても使いやすいエネルギーです。しかし、最大の難点は貯められないことです。もちろん、二次電池に充電しておくことはできますが、工場を稼働させられる大出力のエネルギーを何日分も蓄えるようなことはできません。また、太陽光発電の場合、発電できるのは当然のことながら太陽の出ている昼間だけという問題もあります。

世界の国同士で電力を融通し合う超伝導直流送電網

●直流による長距離送電が行なわれるようになってきた

貯められないという問題については、長距離送電で対応しようという考え方があります。交流による送電では送電ロスが大きい（日本国内での短距離送電でも5%程度の送電ロス）ので、世界各国では直流で長距離送電を行なう取り組みが進んでいます。交流送電には電圧を変えるのが容易というメリットがあるのですが、数百キロメートル以上の送電では直流送電の方が有利になります。日本国内でも本州と北海道、本州と四国などの長距離送電では直流が使われています。また、大電力を扱うパワー半導体の技術が進歩したことで、直流の電圧変換効率も向上し、現在では交流とほぼ同等の水準にまで達しています。太陽光発電や風力発電によって作られる電気も直流であるため（大型の風車は変動する風速に対応するため直流技術を用いています）、直流送電とは相性がよいのです。ヨーロッパでは6000キロメートル、アフリカではエジプトから南アフリカまで7000キロメートルの長距離直流送電も計画されています。

中部大学の200m級超伝導直流送電プロトタイプ。手前にある2つのタンク上の容器は、電源などをつなぐための端末容器。画面奥にあるタンクは液体窒素の冷却循環装置。

●超伝導状態なら、電気抵抗ゼロで送電できる

超伝導を使った送電技術も長年研究されてきました。特定の物質を超低温状態にすると、電気抵抗がゼロになる超伝導という現象が起こります。超伝導状態ならば、長距離送電を行なっても送電ロスが少なくて済むというメリットがあります。しかし、超伝導送電では超伝導ケーブルを液体窒素でマイナス196℃に冷却しなければならず、高コストになっていました。

この問題については、中部大学の山口作太郎教授らが開発している「超伝導直流送電」の技術が突破口になるかもしれません。従来の超伝導送電は交流で行なっていたのですが、交流では電気抵抗が完全にはゼロにならないのです。その結果ケーブルはわずかながら発熱し、冷却コストが高く付いていました。一方、超伝導直流送電では、電気抵抗はゼロ。液体窒素でケーブルを冷却する必要はありますが、交流の場合に比べて冷却装置は小型で、数も少なくて済みます。交流の場合500メートルおきに冷却装置を設置することになりますが、直流では20キロメートルおきで済むと期待されています。また、交流送電ではケーブルが3本必要になりますが、直流だと1本で済むため、ケーブルコストを1/3に減らせるのもメリットでしょう。

超伝導ケーブルは、現在の地中送電線と同じく、ガス管や水道管といっしょに地中に敷

屋外へと伸びている送電ケーブル。ケーブルの収められている外管は亜鉛メッキ鋼管。

設することになります。コスト面でも対抗できる目処が立ってきました。

山口　東京の地下共同溝に張られている地中送電線は1キロメートル当たり10億円です。これに対して交流の超伝導送電ケーブルは1キロメートルで85〜100億円。私たちが研究中の超伝導直流ケーブルは200メートルの実験線で今までに4億円使っていますので、1キロメートル当たり20億円になります。研究段階にしては、かなりのコストパフォーマンスといえるでしょう。

●金属資源で需給が逼迫しているのは「銅」

超伝導状態を作るためには、特殊な材質でできたケーブルが必要になります。この超伝導ケーブルの線材は、ビスマス（およびストロンチウム、カルシウム、銅、酸素）の高温超伝導体と銀でできた厚さ0.3ミリメートルのテープです。材料のうち、ビスマスとストロンチウムはレアメタルです。ビスマスは無鉛ハンダの材料としても使われている物質で、埋蔵量の問題はありません。ストロンチウムはブラウン管のガラス製造工程でも使われていました。こちらの正確な埋蔵量はわかっていませんが、メキシコなど原料鉱石の生産現場では過剰在庫状態のため、今のところ埋蔵量に問題はなさそうです。また、超伝導ケーブルの線材は薄いテープ状になっていて資源の使用量は少

山口 作太郎（やまぐち さたろう）
三菱電機、核融合科学研究所などを経て2001年から中部大学勤務。プラズマ核融合研究を行なっていたが、01年に中部大学に移籍後、主に超伝導関連技術の研究開発を行なう。06年に世界初の直流超電導送電実験設備を構築し、研究を継続している。他に、次世代半導体材料SiCを用いた半導体素子開発を行なっているFUPETのメンバーとして放電加工を利用したインゴットの切断技術開発、高圧直流無発弧スイッチ及び半導体の輸送現象などの研究を行なう。

なくて済みます。

超伝導ケーブルの線材のうち、8〜9割は銀でできています。貴金属である銀を使っているのは何とも贅沢な気もしますが、現在のところ銀の資源量は潤沢です。その大きな原因はフィルムカメラからデジタルカメラへの移行が進んだことにあります。銀塩フィルムといわれるようにカメラのフィルムには銀が使われていたのですが、デジカメに代わったことで、銀の需要のうち80%以上がきれいになくなってしまいました。

資源量についていえば、従来の地中送電線でも使われている（架空送電線はアルミと鉄でできている）銅の方がはるかに深刻な状況にあり、採掘コストに見合った銅鉱山は20〜30年程度で枯渇するといわれています。

山口　日本人1人当たりの銅消費量は中国人の半分ですが、これは日本国内にはすでに送電線が張り巡らされているか

室温から液体窒素温度（マイナス196℃）に下げると超伝導ケーブルが収縮する。これによってケーブルが切れないよう、収縮量に応じて端末が移動するようになっている。

超伝導ケーブルは、銅のより線に超伝導体の線材が巻き付いている。電気を通す超伝導線材はテープ状だ。この超伝導ケーブルは液体窒素を満たした内管に収められ、さらに外管に覆われる。内管と外管の間は断熱のために真空状態にしてある。

らです。中国などの発展途上国ではこれから送電線をどんどん作ることになりますから、銅の需要はこれまで以上に増えるでしょう。銅の消費を抑えるという意味でも、超電導技術は大きな意味を持つことになります。

●世界の国同士を結ぶ双方向の送電網

山口教授らは、今後数百メートル〜数キロメートルの実証実験を行ない、データセンターなどにおける消費電力の削減に取り組むとしています。変電所からセンターまでの配線を超伝導ケーブルで置き換えることで、ケーブルに関する電力のロスを1/8にまで抑えられる見込みです。

さらに、今後のビジョンとしては、複数の国同士を結ぶ送電網を提唱しています。

山口 現在、ヨーロッパには約150基、日本には約50基の原子炉があります。超伝導直流送電網でこれらの発電所が生み出す電力をつなげないかと考えています。ヨーロッパから日本まで超伝導直流送電を行なった場合、送電ロスは10%程度出ますが、ヨーロッパでは安い深夜料金で仕入れて、日本では高い昼間料金で販売できます。12時間後には、逆に日本の安い電気をヨーロッパで売れるわけです。福島の原発事故が起こるまで、21世紀中に世界中で2000基の原子炉が必要だとされていました。しかし、これは需要の多い昼間の電力消費に合わせるからです。国同士で電力を融通できれば、作らなければならない原子炉の数を大幅に減らすことができるでしょう。また、中間にある砂漠地帯の太陽エネルギー発電所からの電力を他の地域で活用することも可能になります。

さらに、石油のパイプラインを電力網で代替することも可能だそうです。

山口　サハリンでは石油を採掘できますが、これを日本に持ってくるにはパイプラインを使うことになります。30インチものパイプラインを通すとなると、貴重な自然環境が破壊されてしまいます。ならば、サハリンに火力発電所を作り、電気として日本に送ればよいでしょう。同じエネルギーを送るにしても、超伝導ケーブルなら人が歩く道くらいの幅があれば十分なので、自然環境に与える影響も少なくなります。サハリンから日本へは、1%程度の送電ロスで済むでしょう。

太陽のエネルギーを媒体に充填して運搬する

●話題になった水素社会はどこにいった?

作った電気を電気のまま運ぶというのが、超伝導送電網の考え方です。ただし、地域・国家間を結ぶ巨大なインフラが構築されるまでは、安定した電力供給は困難でしょう。

その一方、エネルギーを電気ではなく、物質の形で、つまり燃料として蓄えればよいのではないかという考え方もあります。燃料として使いやすく、化石燃料のように環境に悪影響を与えない、そういう物質はないでしょうか?

このような考え方に立って提案されたのが、「水素社会」というビジョンでした。太陽光などの自然エネルギーを使って発電を行ない、水を電気分解して気体の水素を生成する。そして、水素を燃料として利用するという考え方です。

水素と酸素を反応させれば、爆発的に燃焼、つまりエネルギーを容易に取り出せます。また、燃料電池を使って発電することも可能です。水素と酸素が反応した後に残るのはただの水ですから、環境への影響も心配ありません。

一時期話題になった水素社会ですが、残念ながら今は下火となってしまいました。その理由は、水素の扱いが難しいことにあります。

気体の水素は非常に燃えやすいため、取り扱いには注意が必要です。そして、常温常圧の場合、莫大な容量のガスタンクが必要になります。例えば、自動車200台分のガソリン10立方メートルと同じだけの燃料を水素ガスとして保管しようとすると、3万3000立方メートル（30×30×35メートルのタンク）にもなってしまうほどです。

もちろん圧力をかければ体積は減らすことができますし、現に700気圧の水素ボンベは実用化されています。しかし、このボンベには1平方メートル当たり7000トンもの力が加わっており、自動車などに搭載するには危険があります。水素ステーションを各所に配置して、水素自動車に燃料を供給しようという提案もありますが、気体の水素はガソリンのように気軽に扱えるものではないでしょう。

水素は液化することもできますが、この時の温度はマイナス250℃と極めて低温であるため、冷却設備にコストが掛かってしまうことになります。

上記以外にも、水素社会にはいくつかのハードルがあります。水素を利用した燃料電池は触媒として白金を使う必要があり、これが実用化の大きなハードルとなっています。ご存じのように白金は極めて高価な金属であり、これまでに人間が採掘した量はわずか4000トン程度、埋蔵量は8万トンといわれます。燃料電池が大量生産されることになったら、白金があっという間に枯渇するのは間違いありません。

もっとも、燃料電池に使われる白金の量を減らす研究は日進月歩で進んでいますし、白金の代わりになる触媒を探す研究も活発ですから、白金に関してはそれほど問題にならなくなる可能性もあります。

水素の問題点は、主に運搬・貯蔵にあります。では、ここさえクリアできれば、万事OKなのではないでしょうか?

そのためのアプローチとしては、例えば水素吸蔵合金があります。水素吸蔵合金にはさまざまなタイプがあり、チタン、マンガンなどの合金をベースにしたもの、バナジウム、パラジウムなどが知られています。ただ、合金の重量が重くなってしまったり、合金材料が希少で高価ということがあり、まだ決定打というものはないのが現状です。

アンモニア社会の可能性

●世界のエネルギー消費の数%がアンモニア合成に使われている

しかし、水素のエネルギー利用という面から、意外な物質が注目を集めるようになってきました。その物質とは「アンモニア」です。次世代エネルギー源としてのアンモニアについて語る前に、まずアンモニアが私たちの社会においてどのような意味を持っているのかを見てみることにします。

アンモニアと聞くと、たいていの人がイメージするのは「臭い」というくらいで、何に使われるものなのかあまり知られていないのが実情でしょう。実は、人間社会にとってアンモニアは極めて重要な物質です。世界全体のエネルギー消費量のうち、数%はアンモニアを作るために使われているという説もあるほどです。

では、いったいアンモニアは何のために使われているのでしょうか?　それは化学肥料、中でも窒素肥料の原料として、です。植物を生育させるためには、窒素が欠かせません。タンパク質やDNAにも窒素が含まれており、これなしで生物は生存、成長することは不可能です。

空気中には約80%もの窒素が含まれているので、あえて窒素を与える必要などない気もしますが、植物は空気中の窒素をそのままでは利用することができません。空気中の窒素はとても安定していますが、それは化学的に不活性でもあるということを意味します。こういう不活性な物質から、別の物質を合成することはとても難しく、ほかの物質と反応しやすい形で窒素を取り込む必要があります。

植物は空気中の窒素を直接利用できないといいましたが、数少ない例外はマメ科の植物です。マメ科植物の根には根粒菌という微生物が共生しており、これが空気中の窒素をアンモニアに変換し、植物が取り入れられるようにしてくれます。マメ科植物は痩せた土地でも育ち、畑の土壌を豊かにするために植えられたりしますが、それは根に窒素肥料の製造装置が備わっているからと考えればよいでしょう。このように、空気中の不活性な窒素を、反応しやすい窒素化合物に変換することを窒素固定といいます。

人為的な方法で窒素固定を行なうことができれば、植物の生産量を増やすことができるはず……ということで、19世紀末から欧米を中心に窒素肥料の研究が急激に進みます。中でも重要なのは、フリッツ・ハーバーとカール・ボッシュによって開発された「ハーバー・ボッシュ法」です。

ハーバー・ボッシュ法とは、水素と窒素を数百度・数百気圧の高温高圧状態で反応させてアンモニアを合成する手法です。水素は、天然ガスなどから取り出しますが、ここでも高温が必要になります。こうして合成されたアンモニアは窒素肥料の原料となり、世界中の農地で使われています。

窒素肥料を安価に供給できるようになったことで、20世紀前半に農作物の生産は急増し、世界人口もそれに伴って増加しました。アンモニアなしで、私たちは食料を得ることはできません。ハーバー・ボッシュ法は、「水と石炭と空気とからパンを作る方法」ともいわれますが、私たちの食料、そして体のかなりの部分は化石燃料由来だといっても過言ではないでしょう。

●化石燃料の枯渇は食料生産にも大きな影響を与える

安価なアンモニア合成を可能にしたハーバー・ボッシュ法ですが、高温・高圧が必要ということは、エネルギー消費が激しいということです。化石燃料に依存しすぎることの問題点は先に指摘したとおりですが、化石燃料がなくなれば食料生産も多大な影響を受けることになります。

そういうわけで、ハーバー・ボッシュ法よりもエネルギー消費の少ないアンモニアの合成法に大勢の研究者がチャレンジしてきました。高温高圧ではなく、常温常圧でアンモニアを合成できるようになれば、化石燃料の使用量を圧倒的に減らすことができます。ハーバー・ボッシュ法は20世紀最大の発明の1つといわれ、フリッツ・ハーバーとカール・ボッシュの両名はノーベル化学賞を受賞していますが、常温常圧でのアンモニア合成法が確立されればそれもノーベル賞ものの業績になるでしょう。

●新しいアンモニア合成のヒントは根粒菌にあり

新しいアンモニア合成法を目指す取り組みは1960年代にすでに始まっていました。ルテニウムと窒素分子を組み合わせた窒素錯体（金属と非金属が結合した化合物）が合成され、70年代にはモリブデンやタングステンの窒素錯体でアンモニアの合成に成功しています。

マメ科植物の根に共生している根粒菌は、常温常圧で窒素固定を行なうことができますが、これは根粒菌の持つニトロゲナーゼという酵素の働きによります。ニトロゲナーゼの触媒反応が起こる活性中心には、金属元素のモリブデンが含まれており、どうやらこれがカギになっているらしいとわかってきます。そのため、モリブデンや、性質のよく似たタングステンが使われるようになったのです。

ただし、アンモニアを常温常圧で合成できたといっても、それでゴールというわけではありません。これらの合成方法では、作成した窒素錯体と硫酸などの無機塩を反応させてアンモニアを作ります。しかし、材料となる窒素錯体は一度使ったら元には戻らず、

●工業的なアンモニア合成法（ハーバー・ボッシュ法）

高温高圧を必要とするエネルギー多消費型プロセス

$$N_2 + 3H_2 \xrightarrow[\text{200〜400 気圧、400〜600°C}]{\text{触媒：}Fe_3O_4 + Al_2O_3} 2NH_3$$

●生体内酵素ニトロゲナーゼによるアンモニア合成法

常温常圧で窒素分子をアンモニアへと変換する

$$N_2 + 8H^+ + 8e^- + 16MgATP \xrightarrow[\text{1 気圧、室温（25°C前後）}]{\text{触媒：ニトロゲナーゼ}} 2NH_3 + H_2 + 16MgADP + 16P^i$$

ハーバー・ボッシュ法は高温高圧状態をつくるため、多大なエネルギーを必要とする。これに対して、根粒菌の酵素、ニトロゲナーゼは常温常圧でアンモニアを合成できる。

合成のたびに用意しなければなりません。これだと工場で大量生産することは不可能です。大量生産するには、少量の触媒を用意して、あとは窒素と水素を供給すればどんどんアンモニアが合成されていくというような仕組みを作る必要があるのです。

●大量生産可能な新しい合成法への第一歩

現在も、アンモニア合成法への取り組みは活発に行なわれています。例えば、1998年には東京大学の干鯛眞信教授らが窒素とタングステンの錯体と、それに水素とルテニウムの錯体を反応させることで常温常圧のアンモニア合成に成功し、科学雑誌「Science」に論文が掲載されました。窒素と水素という、ハーバー・ボッシュ法の原料と同じ組み合わせを錯体として活性化し、反応しやすくしたというわけです。

また、2004年には京都大学植村榮教授と吉田善一名誉教授らによって、常温常圧でのアンモニア合成が行なわれ、こちらもやはり科学雑誌「Nature」に論文が掲載されました。京都大学の方法は、サッカーボール状の構造を持った炭素の同素体C_{60}フラーレンを、糖の一種で包んだ「フラーレン超分子錯体」を作り、これを窒素分子に光を当てることでアンモニア合成を行なうというもので、金属をまったく使っていないのが特徴です。炭素と水素、酸素で構成された化合物からアンモニアを合成できたのは世界初の快挙です。

これら2つの研究も、化学量論反

西林 仁昭（にしばやし よしあき）
1968年、大阪生まれ。95年、京都大学大学院博士課程短縮修了。京都大学博士（工学）。東京大学大学院助手及び京都大学大学院助手を経て、2005年東京大学大学院工学研究科長主導の次世代の工学を担う世界のトップを走る研究者の育成を目的とした「若手育成プログラム（スーパー准教授任用プログラム）」の助教授に採用されて、現在に至る。01年日本化学会進歩賞、05年文部科学大臣表彰若手科学者賞を受賞。趣味は野球。

応であるため、原料は一度合成を行なうとなくなってしまい、大量生産のプロセスにすることはできません。

しかし、工業プロセス化への道を開く、新しい合成方法が東京大学の西林仁昭准教授らによって開発されました。西林准教授は、上記2つの研究にも参加しており、新しい合成方法にも先行研究の知見が取り入れられています。

西林准教授が新しく開発したのは、モリブデンと窒素の特殊な錯体です。触媒としてこの錯体、そして水素を供給するための物質などを混ぜて、窒素を満たした試験管にこれらの物質を入れると、20時間ほどでアンモニアが生成されました。

もっとも、これでアンモニアの合成プロセスが完成したということではありません。工業化するためには、触媒が何度も使えなければなりませんが、まだそこまでには至っていません。また、水素源などに特殊な物質を使っているため、このまま実用化プロセスにできるというわけではないのです。

西林准教授は、新しいアンモニア合成手法が完成するには早くても10年程度かかるのではないかと見積もっていますが、政府や企業の参加状況によっては、もっと前倒しされることもありえるかもしれませんね。

●アンモニアは理想的な燃料になる!

もし常温常圧でアンモニアを大量に合成できるようになったとしたら、化石燃料の使用を圧倒的に削減することが可能になります。先に述べたように、アンモニア合成のために、世界の消費エネルギーの数%が使われているという説もあるわけですから、これはかなりインパクトのある話です。現在アンモニアを作るために使われている化石燃料の消費量を圧倒的に抑えられるので、枯渇が心配されている化石燃料を長持ちさせられることになります。

しかも、アンモニアを常温常圧で合成することのインパクトは、化石燃料の消費量を抑えられるだけではありません。新しいエネルギー循環を作れる可能性があるのです。

意外かもしれませんが、アンモニアは理想的な燃料になりえます。アンモニアを合成するためには、たくさんのエネルギーを投入する必要がありますが、逆にいえばアンモニアにはそれだけのエネルギーが蓄えられているということでもあるわけです。アンモニアのエネルギー密度は、だいたいガソリンの半分程度あります。これだけ聞くと、ガソリンに比べると見劣りしますが、アンモニアには大きなメリットがあります。それは、貯蔵・運搬が簡単で、環境への負荷が低いということです。

アンモニアは、常温で8気圧超の圧力を加えるだけで液化し、プロパンガスなどと同じように貯蔵・運搬を行なえます。アンモニアはガソリンほど引火性が高いわけではありませんが、酸素中では簡単に燃えます。アンモニア（NH_3）が酸素と反応した結果、排出されるのは窒素と水、それに窒素酸化物（NOx）で、二酸化炭素は出ません。窒素酸化物は出ますが、窒素酸化物を分解して無害にする触媒や装置はすでに開発されていますから、有害物質や温室効果ガスの排出ゼロも実現できそうです。

一方、欠点として挙げられるのはアンモニアが劇物であるということでしょう。液体のアンモニアが目に入ると失明の恐れもあります。ただ、現在日常的に使われているガソリンも、極めて引火性の強い物質ですが、運用を工夫することで燃料として利用できています（それでも、火災などの事故は起こっているわけですが）。アンモニアについても、運用の工夫でこうした欠点はカバーできるかもしれません。

●アンモニアをエネルギー媒体として太陽エネルギーを循環させる

先述の西林准教授が開発した新しい合成手法では、水素源として特殊な物質を使っているのがネックでした。西林准教授によれば、将来的には水素源として、水を使いたいとのことです。これは、水を電気分解して水素を取り出そうということでは「ありません」。必要なのは、水素それ自体ではなく、水素イオン（プロトン）なのです。水の化学式はH_2Oですが、実際にはH^+（水素イオン/プロトン）、OH^-（水酸化イオン）の形でも存在しています。

西林　アンモニアの合成のためにプロトンを使うと、平衡状態を維持するためにH_2Oからプロトンが自然と供給されますから、電気分解する必要はありません。

気体の水素ではなく、水さえ用意して窒素と混ざるようにしておけば、自然と反応が進むサイクルを作ることができるかもしれません。

西林　今も、プロトン供給源として水を使う研究を進めていますが、まだ成功していません。次のブレークスルーは水をプロトン供給源として使えるようにすることでしょう。

西林准教授によれば、空気中の窒素と水、そして太陽光でアンモニア合成できるようにするのが究極の目標だとのこと。これが実現するといったいどうなるのでしょうか?

アンモニア合成器を各家庭が備えるようになるかもしれません。日の当たる場所にアンモニア合成器を置いておけば、必要な燃料が生成されるというわけです。空気中に窒素は無尽蔵に含まれていますから、原料が枯渇する心配もありません。

これと似た話をどこかで聞いた気がしませんか?　そう、先に紹介した水素社会のビジョンです。アンモニア社会は水素社会の変形という見方もできるでしょう。

アンモニア（NH_3）は、化学式を見ればわかるように1つの窒素原子に対して、3つの水素原子で構成されています。アンモニアの水素含有率は17.6%で、メタノールの12.5%、エタノールの13.0%よりも高く、加熱するだけで水素を得られるという利点があります。

貯蔵・運搬が課題であった水素社会実現のカギは、もしかしたらアンモニアなのかもしれません。

マグネシウム循環社会の可能性

●金属を燃料にする

アンモニアという意外な物質が燃料として使えることに驚かれた方もいるでしょう。しかし、ガソリンを燃やして自動車を走らせる、電気で洗濯機を動かす、そんなエネルギー消費のスタイルは20世紀に入ってからのものです。石油が広く使われるまでは石炭、さらにその前は薪が燃料として広く使われていたわけですし。

内部に持っているエネルギーが高く、なおかつ運搬や貯蔵が容易。そういう条件に合致する物質であれば、どんなものでも燃料になりえます。

東京工業大学の矢部孝教授が提

矢部 孝（やべ たかし）
東京工業大学大学院 理工学研究科教授。1973年、東京工業大学工学部を卒業後、同大学助手に就任。その後、81年に大阪大学・レーザー核融合研究センター講師、85年に同助教授、95年には東京工業大学・教授となり現在に至る。また大学発ベンチャー「株式会社エレクトラ」の代表取締役も兼任。99年の英国王立研究所200周年記念招待講演を行なったほか、数多くの賞を受賞。現在、国際数値流体学会の名誉フェロー、計算力学国際連合の理事など。

唱するのは、なんと金属のマグネシウムを燃料として使う方法です。マグネシウムは銀白色の軽い金属であり、実用金属の中では最軽量です。アルミや亜鉛との合金は、極めて強度が高いため、パソコンを始めとする電子機器や飛行機、自動車などにも用いられています。

合金でない単体のマグネシウムは、粉末やリボン状にすると、簡単に燃やすことができます。かつては、カメラのフラッシュに粉末のマグネシウムが使われていたことがありました。

このマグネシウムは、電池材料として使う、あるいはそのまま燃やすことができます。マグネシウムを利用した一次電池、二次電池は、第1章で述べたように、企業や研究機関での開発が進んでいます。また、細かなリボン状にしたマグネシウムに水蒸気中で点火すると、燃料として使えることも矢部教授らの研究チームによって確認されています。

一次電池であるマグネシウム空気電池の場合、放電後に残るのは酸素とマグネシウムの化合物、酸化マグネシウムです。直接燃焼させる場合にも、やはり残るのは酸化マグネシウムになります。酸化マグネシウムは、下剤や土壌の改良材としても使われることからわかるように、環境への悪影響がありません。

●高コストの金属を安価に製錬する

しかし、マグネシウムが低環境負荷の燃料として使えるからといって、そのまま石油や石炭と置き換えられるわけではないのはおわかりでしょう。理由は単純なことで、金属を製錬するにはコストがかかるからです。先に述べたようにマグネシウムは合金としても非常に優れた性質を備えており、プラスチックの代替になりうるという意見もあるほどですが、まだコストが高いため、広く普及するには至っていません。

ちなみに、他の金属にしても同じことがいえます。鉄やアルミニウムの粉は、空気中の酸素とすぐ反応して燃えるため、危険物の指定がなされているほどです。また、鉄やアルミニウムも電池材料としての開発が進められています。

燃料になる金属は少なくないわけですが、製錬するためのコストが釣り合わないため、燃料として使われていないのです。

マグネシウムの場合、現在はピジョン法という製錬法で作られますが、この方法では数トンの石炭を燃やして1トンのマグネシウムを製錬します。こうして作られた金属マグネシウムが燃料として使えるはずがありません。

では、もし安価に金属を製錬する手段があったとしたらどうなるのでしょうか?

●レーザーを使って金属を製錬する

新たな金属製錬法として、矢部教授らが現在研究を進めているのが、レーザー製錬法です。従来の製錬法では、化合物から純度の高い金属を製錬するために、複雑な工程を経る必要がありました。鉄の原料となるのは鉄鉱石ですが、この主成分は酸素と鉄が結びついた酸化鉄です。酸化鉄から酸素だけ引きはがせれば、話は簡単ですが、酸素と鉄の結びつきは極めて強いため簡単にはいきません。酸素を引きはがすためにまず炭素と反応させ、その炭素を取り去る処理を行ない、さらにその他の不純物を除去することが必要になります。その他の金属についても、同様に複雑な化学的プロセスが必要になり、だからこそ金属の製錬工場は大がかりになり、金属の価格も高くなるのです。

もし、化合物から金属だけを簡単に取り出すことができればどうでしょう? 酸化鉄から鉄だけを、酸化マグネシウムからマグネシウムだけを取り出すことができれば、製錬はとてもシンプルになるでしょう。そのための手段として登場するのがレーザーです。

CDやDVDのプレーヤー、光ファイバーでの通信、医療メスなど、現代社会にレーザーはなくてはならないものになっていますが、このレーザーとはいったいなんでしょうか?

レーザーを一言で表すなら、きれいに波が揃った光ということになるでしょう。自然界では、さまざまな光が入り交じっています。波長、向き、位相（波の強弱のタイミング）、それらがてんでバラバラになっているのが、自然の状態です。

これに対して、レーザーは波の位相がピタリと揃っています。揃っているとどうなるか? レンズを使って、特定の一点にエネルギーを集中させることができるようになるのです。100ワットの電球は小規模な照明には十分ですが、これで何かを加工するようなことはできません。しかし、100ワットのレーザーを1点に集中させれば、鉄板の加工も行なうことができます。

金属の製錬もレーザーで行なうことができます。化合物にレーザーを当てると焦点は超高温になり、化合物が気化して、含まれていた元素がバラバラになります。酸化鉄なら酸素と鉄に、酸化マグネシウムなら酸素とマグネシウムとに分かれるのです。あとは、化学反応を起こしにくいガスを吹き付けることで、気化した金属だけを取り出せます。

●太陽光からレーザーを作り出す

実験用レーザーを使って、マグネシウムやシリコンなど、さまざまな金属を製錬できることがすでにわかっています。しかし、強力なレーザーを作るためには、多くの電力が必要になります。燃料を作り出すために、大量のエネルギーを費やしていては本末転倒ですね。

矢部教授らは、このレーザーを太陽光から作り出そうとしています。太陽光からレーザーを発振するというのはSFチックに聞こえますが、このアイデアはレーザー研究の初期からありました。

レーザーを発振するための方法はいくつかあり、一番初期から使われていたのが、ルビーなどの固体媒質を使った固体レーザーです。フラッシュランプの白色光を媒質のルビーに照射してレーザーを作るわけですが、この白色光は含まれる光の波長が太陽光と似通っています。

つまり、レーザー媒質の変換効率さえよければ、太陽光でレーザーを作るのは夢物語ではないのです。事実、米国やイスラエルでは太陽光からレーザーを発振する実験も行なわれています。

しかし、これまで太陽光からレーザーを発振する研究はうまく行きませんでした。その理由の1つはレーザー媒質の変換効率が悪く、太陽光の0.7%しかレーザーにならなかったこと。もう1つはレーザー発振装置が大がかりで高コストになってしまっていたことです。

矢部研究室が用いているレーザー媒質。これに太陽光を当てると、レーザーに変換される。

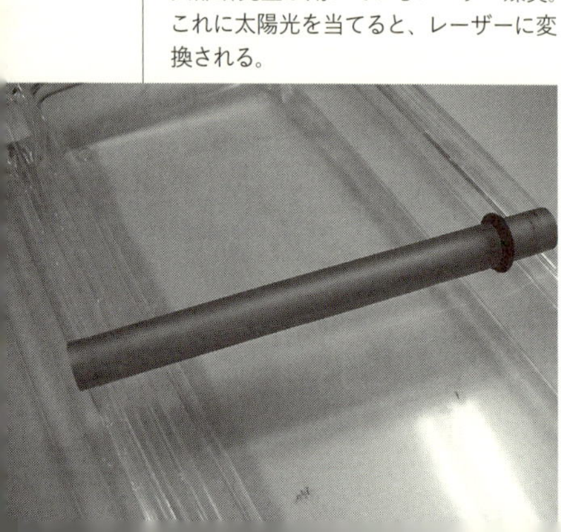

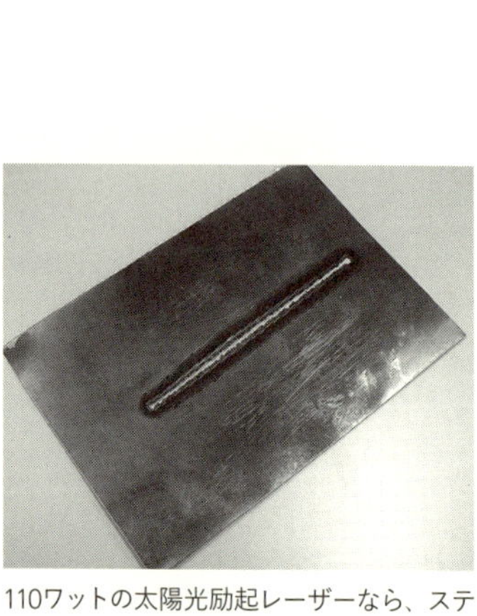

110ワットの太陽光励起レーザーなら、ステンレス板に一瞬で穴を開けることができる。

●変換効率の高いレーザー媒質と、安価なレーザー発振装置

矢部教授らの研究チームは、2つのブレークスルーによって従来の太陽光励起レーザーの課題を克服しようとしています。1つは、変換効率の極めて高いレーザー媒質の製造法を同チームの吉田國雄博士が開発したことです。レアメタルのクロムをレーザー媒質に添加すると、レーザーの変換効率が上がることは古くから知られていましたが、従来の媒質製造法は結晶を少しずつ成長させるように作っており、クロムを添加することが困難だったのです。これに対して、吉田博士はクロムなどの粉末をセラミックとして焼き固めるという方法を考案し、レーザーの変換効率を上げることに成功しました。吉田博士の方法によって、エネルギー産業においてカギとなる素子を大量生産できる可能性が見えてきたといえるでしょう。

もう1つのブレークスルーは、レーザー媒質に太陽光を取り入れるための仕組みです。従来の太陽光励起レーザー発振装置は、大出力を発生させようとして、大きな太陽光集光装置で集めた光をレーザー結晶に入射させようとしていました。しかし、レンズで絞れる最小の光スポットは太陽像で、それより小さくすることはできません。例えば、焦点距離2メートルの大きなレンズでできる太陽像は2センチメートルくらいになります。そのため、自然光である太

東工大の屋上で実験中のレーザー発生装置。上部のフレネルレンズで集めた太陽光を、中心部にあるレーザー媒質に当てる。

陽光を小さな結晶に入れようとするとはみ出してしまい効率がよくありませんでした。

そこで、矢部教授らのグループでは太陽光が絞れる限界とレーザー結晶（媒質）の大きさをベストマッチングさせることにより太陽光の媒質への吸収効率を最大化させることにしました。その結果2メートルの大きさのフレネルレンズ（OHPや読書レンズに使われる同心円状に溝の掘られたプラスチックレンズ）が集光素子として適していることがわかり、それを実験に用いレーザーの発振効率の世界記録を達成しました。現時点では、4平方メートルのフレネルレンズを使うことで110ワットのレーザーを出力することに成功しています。地表には1平方メートル当たり1キロワットの太陽エネルギーが降り注いでいるわけですから、4平方メートルで110ワットということは、変換効率は2.8%。現在もレーザー媒質とレンズの改良は進んでおり、矢部教授によれば4平方メートルで400ワット、つまり変換効率で10%を達成できれば金属製錬としては十分に採算の取れるものになるとしています。

●海水中に無尽蔵に存在するマグネシウム

太陽光励起レーザーを使って金属マグネシウムを製錬し、燃料として利用。利用後に生成される酸化マグネシウムは、再び太陽光励起レーザーで還元して金属マグネシウムに製錬する。このサイクルにおいて、マグネシウムは太陽エネルギーを運ぶための媒体ということになります。

太陽光励起レーザーによる製錬は、他の物質と反応しにくい物質にエネルギーを「詰める」と考えればわかりやすいでしょう。そして、物質を燃焼させるなどしてエネルギーを取り出したら、再度太陽エネルギーを充填するというわけです。

こうしたサイクルを回せるマグネシウムは存在するのでしょうか? 実は、マグネシウムというのは、地球上でもかなりありふれた物質です。地殻中に存在する金属元素としては、ケイ素、アルミニウム、ナトリウム、カルシウム、鉄に続いて6番目。地殻中には炭酸マグネシウムなどの化合物として存在しており、現在の製錬法であるピジョン法でも炭酸マグネシウムを含む鉱石を原料として用いています。

さらに、マグネシウムは海水中にも豊富に存在するのもポイントです。塩分濃度3.5%の海水1キログラム中に、マグネシウムは1.29グラム含まれています。地球上の海水は全部で140京トンなので、海水中にマグネシウムは1800兆トン含まれていることになります。現在の世界における年間のエネルギー消費量は石油換算で

●マグネシウム循環社会のイメージ

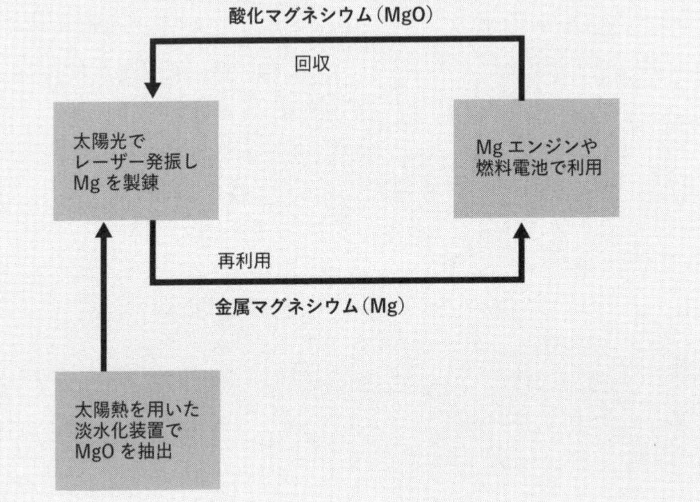

海水や砂漠の砂に含まれる酸化マグネシウムを、太陽光励起レーザーで金属マグネシウムとして製錬。エネルギー媒体として利用。利用後の酸化マグネシウムは、レーザーで再び金属マグネシウムに。

100億トン。石油のエネルギー密度を40MJ/kg、マグネシウムを25MJ/kgとして計算すると、10万年分のエネルギー資源が海水中に存在することになります。

海水からはたしてマグネシウムを低コストに採取できるのかが問題ですが、実をいえば以前使われていた製錬法（電解法）では、海水から採取したマグネシウムを利用していました。海水を加熱して酸化マグネシウムを取り出し、塩素を加えて無水塩化マグネシウムにし、これを電気分解して金属マグネシウムを取り出していたのです。電解法の工程は複雑なため高コストになり、安価な石炭を大量に使うピジョン法に取って代わられてしまいました。マグネシウムの主生産国もかつてはアメリカやノルウェー、ロシアでしたが、現在は中国が8割を占めています。

●低コストの淡水化装置と組み合わせて、マグネシウムのサイクルを作る

矢部教授らは、太陽光励起レーザーとは別に、太陽熱を利用した淡水化装置の研究も進めています。

海水を淡水化する方法としては、熱で海水を蒸留する多段フラッシュ法や、海水を「濾して」淡水にする逆浸透膜法などがあります。これに対して、矢部教授らの淡水化装置は太陽熱を利用しており、従来の淡水化装置に比べて圧倒的に建設コストが安くなるとしています。

太陽熱を利用した淡水化装置を用いて、淡水化ビジネスを回しながら、製錬用のマグネシウム化合物を同時に取り出そうというのが矢部教授の狙いです。

太陽光励起レーザーはまだ実験段階であり、淡水化装置も試作品ではありますが、もしこのサイクルで採算が取れるのであれば、エネルギー分野に大きなインパクトを与える可能性もあるでしょう。

あとがき

本書の制作は3.11、つまり東日本大震災の前に始まりました。

最新の知見について研究者に直接尋ねられる一連の取材は、筆者の好奇心を満たしてくれました。しかし正直にいえば、3.11以前、筆者は環境・エネルギー問題についていささかシニカルに考えていたと思います。

石油の枯渇が心配されているといっても、石炭や天然ガスにはまだ余裕がある。地球温暖化や環境汚染が問題になったところで、背に腹は代えられないのが人間というもの。デメリットには目をつむってだらだらと化石燃料を使い続ける、モノにあふれた安楽な暮らしにあこがれる、そうした傾向は21世紀を通じて変わらないのではないか……。

しかし、3.11以降、多くの人々がエネルギーや環境問題、ひいては科学技術全般について、真剣に考えるようになってきたようです。

被災地を復興させるにはどうすればいいのか? エネルギーを得るためのオルタナティブな方法はないのか? 資源の多くを海外からの輸入に頼っている日本が生き残れる産業分野は何か? 環境に負荷をかけずに幸福な社会を作るにはどうすればよいのか?

本書で紹介している技術のいくつかは、こうした問題を解決する足がかりになるかもしれません。

科学の研究とは、これまでに存在しなかった道を探し求める地道な取り組みです。技術的な壁を越えるためには、誰も思いつかなかった天啓や偶然が必要になることもあるでしょう。技術的に可能になったとしても、コスト的に採算がとれず、実用化できないこともあるでしょう。時には、社会の変化によって長年の研究成果が無用になってしまうことすらあるでしょう。

本書で紹介した研究者の方々は、日々さまざまな試行錯誤を繰り返し、新しい可能性を探り続けています。取材に協力いただいたことを改めて感謝し、微力ながら研究を応援させていただきたいと思います。

最後になりましたが、「エコ技術研究者に訊く」の企画を立ち上げたWIRED VISION元編集長の江坂健氏、取材の相談に乗っていただいた編集者の清田辰明氏にお礼を申し上げます。そして、呆れるほど遅くなった筆者の原稿を、寛恕の心で待ってくださった、ポット出版の沢辺均氏、那須ゆかり氏、大田洋輔氏に感謝いたします。

2011年6月

山路達也

参考文献

●『元素111の新知識 第2版』（桜井弘編、2009年、ブルーバックス）
●『新・化学用語小辞典』（ジョン・ディンティス編、山崎昶／平賀やよい訳、1993年、ブルーバックス）
●『進化する電池の仕組み―乾電池から未来型太陽電池まで』（箕浦秀樹、2006年、サイエンス・アイ新書）
●『今この世界を生きているあなたのためのサイエンス Ⅰ』（リチャード・A. ムラー、二階堂行彦訳、2010年、楽工社）
●『知っておきたい太陽電池の基礎知識―シリコンの次にくるのは化合物太陽電池?有機太陽電池でみんなが買える価格に?』（齋藤勝裕、2010年、サイエンス・アイ新書）
●『クモの糸のミステリー――ハイテク機能に学ぶ』（大崎茂芳、2000年、中公新書）
●『最新 半導体のしくみ』（西久保靖彦、2010年、ナツメ社）
●『知っておきたいエネルギーの基礎知識―光・電気・火力・水力から原子力まで各種エネルギーを徹底解説!』（齋藤勝裕、2010年、サイエンス・アイ新書）
●『発電・送電・配電が一番わかる―電気工事、電気設備の基礎が手に取るように理解できる』（福田務、2010年、技術評論社）
●『身近な電線のはなし』（社団法人電線総合技術センター編、2011年、オーム社）
●『燃料電池と水素エネルギー――次世代エネルギーの本命に迫る』（槌屋治紀、2007年、サイエンス・アイ新書）
●『カラー図解 アメリカ版 大学生物学の教科書 第1～3巻』（D・サダヴァほか、石崎泰樹／丸山敬監訳・訳、2010年、ブルーバックス）
●『放射線利用の基礎知識―半導体、強化タイヤから品種改良、食品照射まで』（東嶋和子、2006年、ブルーバックス）
●『マグネシウム文明論―石油に代わる新エネルギー資源』（矢部孝／山路達也、2010年、PHP新書）
●『レーザーと現代社会―レーザーが開く新技術への展望』（レーザー技術総合研究所編、2002年、コロナ社）
●『脱「ひとり勝ち」文明論―the future is so bright!』（清水浩、2009年、ミシマ社）
●「リチウム資源の供給と自動車用需要の動向」（河本洋・玉城わかな、『科学技術動向』2010年12月号、http://www.nistep.go.jp/achiev/ftx/jpn/stfc/stt117j/report2.pdf）
●「空気マグネシウム電池の製作と活用」（小林明郎、http://www.toray.co.jp/tsf/rika/pdf/rik_008.pdf）

●プロフィール

山路達也

やまじ・たつや
1970年生まれ。雑誌編集者を経て、フリーの編集者・ライターとして独立。
ネットカルチャー・IT・環境系解説記事などで活動中。

著作

●『ウェブログ☆スタート』(デジビン名義での共著、2003年、アスペクト)
●『ウェブログのアイデア!―プロのライター&編集者が教える、ネタの集め方・読ませ方・見せ方のテクニック』(デジビン名義での共著、2005年、アスペクト)
●『進化するケータイの科学―つながる仕組みから最新トレンドまでケータイを丸ごと理解する』(2007年、サイエンス・アイ新書)
●『ポケット図解 グーグルを仕事で活用する本』(井上健語と共著、2007年、秀和システム)
●『セカンドライフ日本語版ハンドブック―基本操作からオススメSIMまで、楽しさ100倍!』(田中拓也、リアクションと共著、2007年、サイエンス・アイ新書)
●『弾言―成功する人生とバランスシートの使い方』(小飼弾と共著、2008年、アスペクト)
●『決弾―最適解を見つける思考の技術』(小飼弾と共著、2009年、サイエンス・アイ新書)
●『Gmail超仕事術―効率と生産性が飛躍的にアップする!』(田中拓也と共著、2009年、アスペクト)
●『「超」情報検索・整理術「整理しない」「覚えない」で効果抜群!』(2009年、ソフトバンク文庫)
●『マグネシウム文明論』(矢部孝と共著、2009年、PHP新書)
●『頭のいいiPhone「超」仕事術』(田中拓也と共著、2010年、青春出版社)
●『Gmailクラウド活用術』(田中拓也と共著、2010年、アスペクト)
●『電子書籍と出版―デジタル/ネットワーク化するメディア』(高島利行/仲俣暁生/橋本大也/植村八潮/星野渉/深沢英次/沢辺均と共著、2010年、ポット出版)
●『頭のいいiPad「超」情報整理術』(田中拓也と共著、2010年、青春出版社)

binWord/blog
http://www.binword.com/blog/

Twitter
http://twitter.com/tats_y

書名......................日本発！　世界を変えるエコ技術
著者......................山路達也
編集......................大田洋輔
ブックデザイン........山田信也
カバーデザイン.......和田悠里
発行......................2011年7月19日［第一版第一刷］
定価......................1,800円+税
発行所...................ポット出版
150-0001
東京都渋谷区神宮前2-33-18#303
電話 03-3478-1774　ファックス 03-3402-5558
ウェブサイト http://www.pot.co.jp/
電子メールアドレス books@pot.co.jp
郵便振替口座.........00110-7-21168 ポット出版
印刷・製本.............シナノ印刷株式会社
ISBN978-4-7808-0161-3 C0040

Innovative Eco-technologies in Japan
by YAMAJI Tatsuya
First published in Tokyo Japan, Jul. 19. 2011
by Pot Pub. Co., Ltd
#303 2-33-18 Jingumae Shibuya-ku
Tokyo, 150-0001 JAPAN
E-Mail: books@pot.co.jp
http://www.pot.co.jp/
Postal transfer: 00110-7-21168
ISBN978-4-7808-0161-3 C0040

【書誌情報】
書籍DB●刊行情報
1 データ区分—1
2 ISBN—978-4-7808-0161-3
3 分類コード—0040
4 書名—日本発!　世界を変えるエコ技術
5 書名ヨミ—ニホンハツセカイヲカエルエコギジュツ
13 著者名1—山路　達也
14 種類1—著
15 著者名1ヨミ—ヤマジ　タツヤ
22 出版年月—201107
23 書店発売日—20110719
24 判型—B6
25 ページ数—232
27 本体価格—1800
33 出版者—ポット出版
39 取引コード—3795

本文●ラフクリーム琥珀N　四六判・Y・71.5kg（0.130）／スミ　見返し●NTラシャ・四六判・Y・100kg・若緑
表紙●アラベールスノーホワイト・四六判・Y・200kg／特色PANTONE375C（キミドリ）
カバー●オーロラコート・四六判・Y・100kg／スリーエイトブラック+特色PANTONE375C（キミドリ）+PANTONE877C（シルバー）／グロスPP
帯●アラベールスノーホワイト・四六判・Y・100kg／スリーエイトブラック+特色PANTONE375C（キミドリ）
使用書体●游明朝体M+Garamond　游明朝体　游ゴシック体　Garamond　Frutiger　Hoefler Text
2011-0101-2.0

電子書籍と出版

デジタル／ネットワーク化するメディア

著●高島利行、仲俣暁生、橋本大也、山路達也、植村八潮、星野 渉、深沢英次、沢辺 均

定価●1,600円+税

電子書籍の登場で出版はどう変わるのか?
最前線に立つ人々に「いま」を訊く。
橋本大也、仲俣暁生、高島利行、沢辺均が語る
「2010年代の『出版』を考える」。
小飼弾氏との共著『弾言』、『決弾』のiPhoneアプリ版を
自ら発売した編集者・山路達也に訊く
「電子出版時代の編集者」。
植村八潮がによる「20年後の出版をどう定義するか」。
文化通信編集長・星野渉が話す
「出版業界の現状をどう見るか」。
元「ワイアード日本版」のテクニカルディレクター
兼副編集長を務めた深沢英次による
「編集者とデザイナーのためのXML勉強会」。
を収録。

2010.07発行／ ISBN978-4-7808-0149-1 C0000
B6判／並製／ 208頁

低炭素革命と地球の未来

環境、資源、そして格差の問題に立ち向かう哲学と行動

著●竹田青嗣、橋爪大三郎

定価●1,800円+税

環境、資源、格差問題の危機を、我々はどう乗り越えるべきか。
21世紀の人類が直面する問題の本質を明らかにし、
人々が自由に生きるための
新しい哲学、行動が語られる。

2009.09発行／ ISBN978-4-7808-0134-7 C0036
B6判／並製／ 192頁

●全国の書店、オンライン書店で購入・注文いただけます。
●以下のサイトでも購入いただけます。
ポット出版◎http://www.pot.co.jp　版元ドットコム◎http://www.hanmoto.com